シリーズ21世紀の農学

ここまで進んだ！飛躍する農学

日本農学会編

養賢堂

目 次

はじめに …………………………………………………………………………3

第1章 母乳が優先増殖させる乳児腸内のビフィズス菌 …………………1
　　　　－プレバイオティクス研究の原点への回帰によって見えた分子機構－
第2章 新しい昆虫産業を創る！ ……………………………………………19
　　　　－カイコにおける次世代ゲノム改変技術の開発と異分野融合－
第3章 セルロースナノペーパーを用いた電子デバイスの開発 …………39
第4章 光の指紋で食品の安全を守る！ ……………………………………61
　　　　－ビッグデータの可視化による農産物・食品の危害要因検知－
第5章 北海道発の気候変動適応策 …………………………………………71
　　　　－雪割り，野良イモ対策，土壌凍結深制御－
第6章 微生物ゲノム情報を圃場で活かす …………………………………85
　　　　－作物根圏からの温室効果ガス発生を制御するために－
第7章 家畜のゲノム編集 ……………………………………………………103
　　　　－地球と共生する食料や医薬品の生産系をめざして－
第8章 ビッグデータの情報解析が開く育種の地平線 ……………………121
　　　　－ゲノムと表現型の関連をモデル化し，育種を加速する－
第9章 スマート農業とフェノミクス ………………………………………145
　　　　－農業・生物・環境の途方もない複雑性をビッグデータで読み解く－
あとがき ………………………………………………………………………167
著者プロフィール ……………………………………………………………169

はじめに

三輪 睿太郎
日本農学会会長

　農学は研究のフィールドが地球，海洋，森林，農村，農地に及び，扱う生物種も哺乳類，魚類，植物，昆虫，小動物，微生物まで数え上げられる．さらに，応用科学としての切り口としては環境，生態系，群，群落，個体，組織，細胞，分子，インフラ，食品，健康などがあり，他の領域との接点も多い．手法としても情報科学から分子生物学まで多岐なものが動員され，これらの手法の進化と研究領域の拡大を生んでいる．

　応用科学は社会からの多様な要請に対して受動的に応えるだけのものではない．研究対象に対する切り口の発見，徹底的な接近，有効な研究手法の応用など，応用科学の研究を成功に導く要素は与えられた課題を解決するだけにとどまらず，新たな応用の局面や基礎科学の分野を切り開くものである．

　農学は今や，大量の情報を処理し，遺伝子改変を行い，あるいは新素材を開発することによって，これまでの農林水産技術の延長線上にないものを生み出しつつある．また，諸科学の対象が生物や環境に集中するのに伴って，農学と医学，薬学，理工学などとの距離が近くなり，異分野融合による新たな成果が期待されるようになった．異分野融合は研究の新たなモチベーションを生み，発想を豊かにし，知見や手法の交流を拡大する．

　新素材の開発とICT（情報通信技術）は融合の成果を生み出す決め手になっている．本書では生物系新素材からICTまで，農学の広い分野から話題を集め，今後の農学を展望したものである．

ICT による農業革新が注目され，そのためのモデルがいくつか提案され，商業ベースでの運用も始まった．世界的にもレベルが高いとされる我が国の農業者の知識には学術や試験研究が提供したものと農業者が伝統や経験から得たものがある．前者は誰でも習得できる知識体系で形式知（顕在知）といわれる．これに対して後者は農業者が体得したもので他者が学ぶことが困難なもので暗黙知といわれている．ICT による経営支援で篤農技術の活用，すなわち暗黙知の形式知化を強調するものもあるが，篤農技術の個別性などにより，ICT といえども経営支援のツールとするのは容易ではないと指摘されている．

　一方，形式知は知識が言語やデータで集積しており（いわゆるビッグデータを形成），ICT によるツール化が可能である．広範にわたり，深化した農学の形式知が色々な目的に誰にも不自由なく使え，どうしたら農業革新や問題解決をもたらすかを指し示すようにすることが第一に重要であろう．

　本書は 2014 年度日本農学会シンポジウム「ここまで進んだ！　飛躍する農学」（2014 年 10 月 4 日東京大学弥生講堂）での講演をもとに各著者が書き下したものである．内容はプレバイオティクス，昆虫新素材，セルロースナノファイバー，ビッグデータを活用した食品のリスク検知，ゲノムと表現型のモデル化，農業―生物―環境の複雑系の解明，気候変動適応とゲノム情報による温室効果ガス制御，および新たな家畜生産・利用系という構成であるが，各講演によって引き起こされる農業技術の夢に会場が知的興奮につつまれ，講演時間が短く思えたシンポジウムであった．

　本書の刊行により，その知的興奮が多くの読者に伝えられることを期待するものである．

第1章
母乳が優先増殖させる乳児腸内のビフィズス菌
―プレバイオティクス研究の原点への回帰によって見えた分子機構―

北岡本光

独立行政法人農業・食品産業技術総合研究機構　食品総合研究所

1. はじめに

　1980年頃を中心に我が国において腸内細菌叢改善効果を示す食品用オリゴ糖の開発が行われ，複数のオリゴ糖が食品用として上市された（Nakakuki, 2003）．中でも明治製菓（当時）の開発したフラクトオリゴ糖がこのようなオリゴ糖の世界初の工業化例である（日高・平山, 1985）．その後の1991年の厚生省（当時）による特定健康用食品（トクホ）制度の開始により種々のオリゴ糖が「おなかの調子を整える」機能を表示して販売されるようになった．腸内細菌叢を改善する効果により健康に資する食品成分はプレバイオティクスと呼ばれる．ここで注目すべきはプレバイオティクスという用語が初めて文献に登場したのが1995年（Gibson and Roberfroid, 1995）であることである．これは日本におけるオリゴ糖の産業化を契機に研究が進展し，新たな用語を用いた概念ができあがったことを顕著に示している．

　プレバイオティクスオリゴ糖は小腸までは消化吸収を受けず，そのまま大腸まで達する．大腸においてビフィズス菌や乳酸菌などのいわゆる腸内善玉菌とされる細菌に選択資化されることによりそれらの細菌の比率上昇および代謝産物となる有機酸の生成により大腸内pHの低下をもたらす．これらの作用により，腸内悪玉菌とされる菌種の増殖を抑え健康に資すると考えられている（Nakakuki,

2003).

　難消化性のオリゴ糖が腸内細菌に資化されることによりそのような細菌の優先増殖をもたらすというプレバイオティクスの概念の確立は，ビフィズス菌の発見当時までさかのぼる．ビフィズス菌とは Bifidobacterium 属細菌の総称である．多くのビフィズス菌種はヒトを含む動物の腸管内に定着する典型的な腸内細菌として知られる．ヒト大腸内でビフィズス菌が増加することは健康に良い影響を及ぼすと考えられており，いわゆる腸内善玉菌として乳酸菌とともにプロバイオティクスとして用いられる．またプレバイオティクスの主要な標的菌である．ビフィズス菌は分類学的には乳酸菌とは異なり放線菌の一種とされる．

　ビフィズス菌の発見は 19 世紀末のことである（本間，1994）．当時，人工栄養乳児に下痢や感染症が頻発しており健康状態が悪いことが問題であった．また，母乳栄養乳児の方が糞便中の酸度が高いことが知られておりこの原因について研究が行われていた．1900 年にフランスの小児科医である Tissier が母乳栄養乳児糞便から初めてビフィズス菌の単離を報告した．その後の研究で，母乳栄養乳児では培養により単離される腸内細菌の大部分がビフィズス菌であることが知られるようになり，ビフィズス菌の定着が母乳栄養乳児の健康に重要であることが理解された．

　これらを背景として，20 世紀初頭には母乳に含まれるビフィズス菌を増殖させる成分（ビフィズス因子）の探索が開始された．その一定の結論として 1953 年に米国ペンシルベニア大学の György らは母乳中のビフィズス因子について一連の論文を Archives of Biochemistry and Biophysics 誌に発表した（György et al., 1953a-c, Gauhe et al., 1953）．その結論はビフィズス菌 *Bifidobacterium bifidum* var. *Pennsilvanicus*（当時の分類上 *Lactobacillus bifidus* と記載されている）を増殖させる母乳中の因子は，N-アセチルグルコサミン，フコース，ガラクトース，グルコースからなるラクトース以外のオリゴ糖であると結論された．これより，母乳に含まれる三糖以上のオリゴ糖混合物であるヒトミルクオリゴ糖（HMO）が母乳に含まれるビフィズス因子と考えられるようになった．

　ウシの常乳である牛乳に含まれる糖質はほぼラクトース（50 g/L 程度）のみであり三糖以上のオリゴ糖は痕跡量しか含まない（Nakamura and Urashima,

2004). それと比較して母乳ではラクトース (70 g/L) が主要糖質であることは共通しているが, 三糖以上のオリゴ糖である HMO を初乳で 20 g/L 程度, 常乳で 10 g/L 程度含んでいる (浦島ら, 2008). 乳糖は乳児小腸のラクターゼにより分解された後に消化吸収されエネルギーとして利用される. HMO は小腸で分解されずに大腸まで達しそこでビフィズス菌に選択的に利用されビフィズス菌の選択増殖をもたらすと考えられた. 難消化性の HMO が大腸に達しビフィズス菌に選択的に資化されることによりビフィズス因子として機能するという結論は, 1980 年代の我が国におけるプレバイオティクスオリゴ糖の開発の原点になったと考えられる. しかしながら, HMO は非常に複雑な組成のオリゴ糖混合物であるため, ビフィズス菌がどのように HMO を代謝して選択的に増殖を得ているのかについては長年未解明であった.

2. HMO について

HMO は非常に複雑な組成のオリゴ糖混合物であり, 現在まで 130 種以上の分子種が同定されている (浦島ら, 2008). HMO の構成成分の同定および分類には日本人研究者の貢献が大きい. 2011 年にコペンハーゲンでヒトミルクオリゴ糖の生化学に関する国際会議が開催されたが, その冒頭の講演でオーガナイザーである Kunz 博士は, 木幡陽東京大学名誉教授を "Living legend of HMO research" と紹介している (Kunz, 2012). HMO に関する研究初期からの経緯については総説に詳しい (木幡, 2009; Kobata, 2010).

複雑な混合物である HMO は, 13 種のコア構造の一つにフコースおよび/又はシアル酸が付加した構造として整理することができる (浦島ら, 2008; Amano et al., 2009). コア構造は二糖のラクトース以外の 12 種は, ラクトース (Galβ1,4Glc) の非還元末端側 3 位に, ラクト-N-ビオース I (Galβ1,3GlcNAc, LNB) あるいは N-アセチルラクトサミン (Galβ1,4GlcNAc, LacNAc) が β 結合で付加した四糖を基本としており, それぞれタイプ I 鎖, タイプ II 鎖と分類される. 基本となる四糖をそれぞれラクト-N-テトラオース (Galβ1,3GlcNAcβ1,3Galβ1,4Glc, LNT), ラクト-N-ネオテトラオース (Galβ1,4GlcNAcβ1,3Galβ1,4Glc, LNnT) と呼ぶ (図 1). この違いは末端のガ

ラクトースの結合位置(3位/4位)のみである.ヒトミルクオリゴ糖の組成はLNB構造を含むタイプI鎖がタイプII鎖よりも顕著に多いことが重要な特徴である.タイプI鎖の末端にあるGalβ1,3GlcNAc結合は多くのβ-ガラクトシダーゼに耐性を示すことが知られており,HMOの代謝を考える上ではこの結合の分解を説明することが重要な点の一つとなる(木幡, 2009).

ほ乳動物のミルクオリゴ糖組成は帯広畜産大学の浦島匡教授により多彩な種について明らかにされている.タイプI鎖を含むミルクオリゴ糖組成を示すほ乳類種は希である上,類人猿を含む霊長類のミルクオリゴ糖組成中でもタイプI鎖が主成分である乳を分泌する種はヒト以外から見いだされていない(Urashima et al., 2009: Taufik et al., 2012).

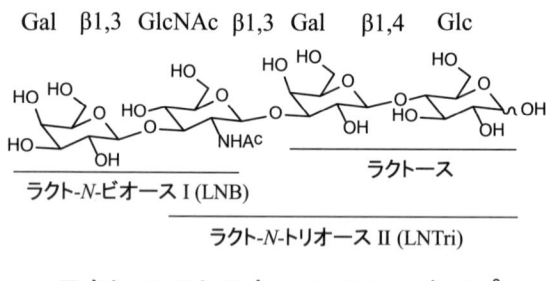

図1 タイプI鎖およびタイプII鎖のコア構造(北岡, 2014)より複製

3. ビフィズス菌に見いだされた GNB/LNB 経路

ビフィズス菌の HMO 代謝系の理解をする上で重要な酵素である 1,3-β-ガラクトシル-N-アセチルヘキソサミンホスホリラーゼ（GalHexNAcP）の発見がフランス・リール科学技術大学の Bouquelet らのグループにより 1999 年に報告された（Derensy-Dron , 1999）．この論文ではグルコースを炭素源として培養した *B. bifidum* 菌体内に，ガラクト-N-ビオース（Galβ1,3GalNAc, GNB）および LNB を選択的かつ可逆的に加リン酸分解する酵素である GalHexNAcP が報告されている（図2）．GalHexNAcP は β ガラクトシドを分解して α-ガラクトース 1-リン酸（Gal1*P*）を生成する酵素として初めて見いだされたものである．この論文中で GalHexNAcP は粘膜ムチンの O 結合型糖タンパク糖鎖の代謝に関わる酵素であると推定している．

筆者らはもともと糖質加リン酸分解酵素の応用を専門としていたため，本酵素遺伝子のクローニングを試みた．*B. bifidum* 菌体抽出液から GalHexNAcP を精製し，その N 末端および 2 カ所の内部アミノ酸配列を決定したところ，当時公開されていた *Bifidobacterium longum* NCC2705 株ゲノム（Schell et al., 2002）中の機能未知遺伝子である BL1641 産物の一部と 3 配列とも高い相同性を示した．そこで公的機関から入手可能な基準株である *B. longum* subsp. *longum* JCM1217 株より BL1641 相当遺伝子をクローニングし，大腸菌にて組換え酵素を調製した．酵素活性を調べたところ LNB および GNB を加リン酸分解する可逆反応を示したため，この遺伝子が GalHexNAcP をコードすることが証明され

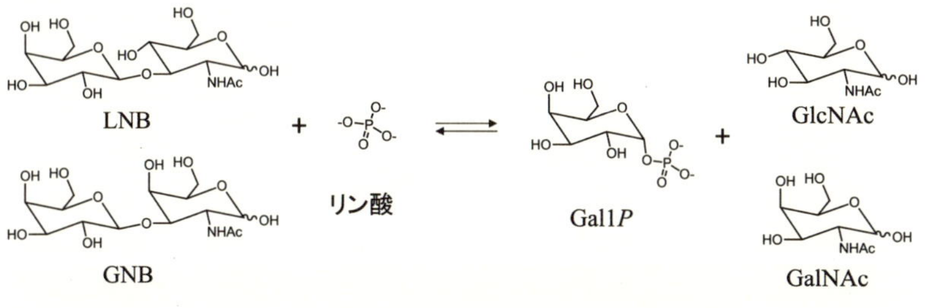

図2　GLNBP の反応（北岡，2014）より複製

た (Kitaoka et al., 2005). 後に B. bifidum からも遺伝子をクローニングした (Nishimoto and Kitaoka, 2007a).

GalHexNAcP をコードする遺伝子は, gltA-C および lnpA-D の 7 つの遺伝子からなる遺伝子クラスター中 lnpA として存在していた (図 3A). また, 当時 GalHexNAcP と有意な遺伝子相同性を示す機能既知タンパクは存在しなかったため, 新規ファミリーの酵素であると判断された.

遺伝子クラスターの gltA-C は ABC 糖トランスポーターを高度していると予想された. 基質結合タンパクをコードしていると思われる gltA 遺伝子産物を大腸菌で調製し, 結合特性を調べたところ, 1,3 結合を持つ GNB および LNB と強く結合するが 1,4 結合の LacNAc とは全く結合しないことが示された (Suzuki et al., 2008). この結果から, gltA-C は GNB/LNB に特異的な糖トランスポーターをコードしていると結論した.

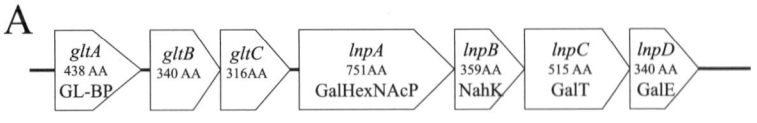

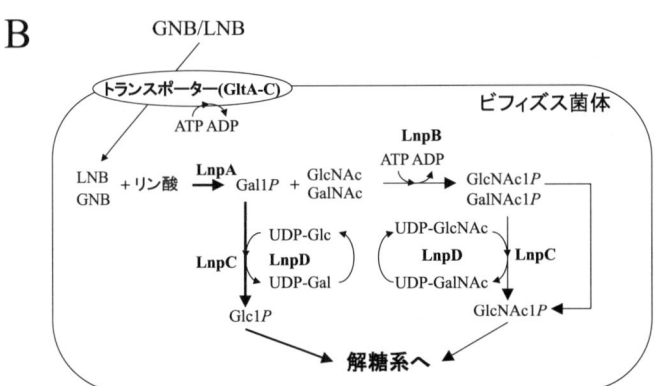

図3 GNB/LNB 経路 (北岡, 2014) より複製
A, B. longum subsp. longum の GNB/LNB 経路をコードする遺伝子クラスター
B, GNB/LNB 経路の模式図

lnpA は GalHexNAcP をコードしている．*lnpB* 産物を調製しその活性を調べたところ，GlcNAc および GalNAc の 1 位をリン酸化する新規酵素である *N*-アセチルヘキソサミン 1-キナーゼと同定した（Nishimoto and Kitaoka 2007b）．*lnpC* および *lnpD* は Leloir 経路によるガラクトース代謝に重要な酵素である UDP-グルコース：ヘキソース 1-リン酸ウリジリルトランスフェラーゼ（GalT）および UDP-グルコース 4-エピメラーゼ（GalE）とアノテーションされていた．LnpC の活性を精査すると，通常の GalT と異なり，Glc/Gal 系の基質だけでなく GlcNAc/GalNAc 系の基質にも作用することが示された．LnpD は UDP-Glc/UDP-Gal 間の変換だけでなく UDP-GlcNAc/UDP-GalNAc の変換活性も示した．

　これらの結果を総合すると，本遺伝子クラスターにコードされている経路にて，菌体外で生成した GNB/LNB を菌体内まで取り込んだ上，分子中のガラクトース部分および *N*-アセチルヘキソサミン部分全体を解糖系に持ち込むための経路をコードしていると考えられる（図 3B）．特にガラクトース部分に関しては ATP の消費無しに解糖系に導入できるため，GNB/LNB はビフィズス菌の生育環境にとって何らか重要な意義を持つことが示唆される．ムチン糖タンパク糖鎖から GNB を切り出す酵素が *B. longum* から見いだされており（Fujita et al., 2005），GNB/LNB 経路の重要な役割の一つは GNB の代謝であると考えられる．もう一方の基質である LNB のビフィズス菌生育環境下での存在意義を考えるときに筆者らはこの GNB/LNB 経路の存在により母乳栄養乳児のビフィズス菌の選択増殖を説明できるのではないかと考えた．そこで，もしビフィズス菌が菌体外で HMO から LNB を切り出す酵素系を持っていると仮定すれば，HMO 中ではタイプ I 鎖が主成分であることも合わせて母乳栄養乳児でのビフィズス菌の優先増殖を説明できることになる．これを LNB 仮説として提唱した（Kitaoka et al., 2005）．

　種々のビフィズス菌種の GNB/LNB 経路の主要酵素である GalHexNAcP をコードしている *lnpA* 遺伝子の有無を調べたところ，乳児に多く見られる，*Bifidobacterium breve, B. bifidum, B. longum* subsp. *longum, B. longum* subsp. *infantis* では調べたすべての菌株が遺伝子を保持していたが，主に成人から単離されるビフィズス菌種である *Bifidobacterium adolescentis, Bifidobacteirum catenulatum* では調べたすべての菌株が代謝経路を保有していなかった (Xiao et al., 2010).

4. *B. bifidum* の持つ菌体外 HMO 分解酵素群

HMO から LNB を切り出す一連の菌体外酵素群を *B. bifidum* から同定された (Kitaoka, 2012: 北岡, 2014). これらの酵素はすべてシグナルペプチドおよび膜結合ドメインを持ち菌体表層にとどまると考えられた.

コア構造を修飾するシアル酸を切る出す酵素として GH33 に属する2個のシアリダーゼ (SiaBB1, SiaBB2) を2個同定された (Kiyohara et al., 2011). また, フコースを切り出す酵素は GH95 に属する 1,2-α-フコシダーゼ (AfcA) (Katayama et al., 2004) および GH29 に属する 1,3/4-α-フコシダーゼ (AfcB) (Ashida et al., 2009) が同定された. 両者ともに基質特異性が非常に厳密な酵素であり, AfcA は非還元末端 Gal の2位に結合したフコースのみ分解し, AfcB は

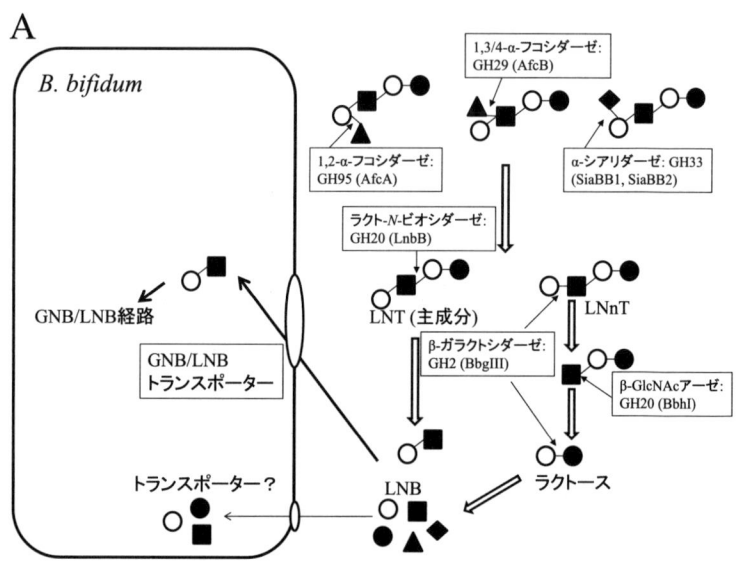

図4 ビフィズス菌の HMO 代謝経路 (北岡, 2014) より複製
A, *B. bifidum*

第1章　母乳が優先増殖させる乳児腸内のビフィズス菌　　（9）

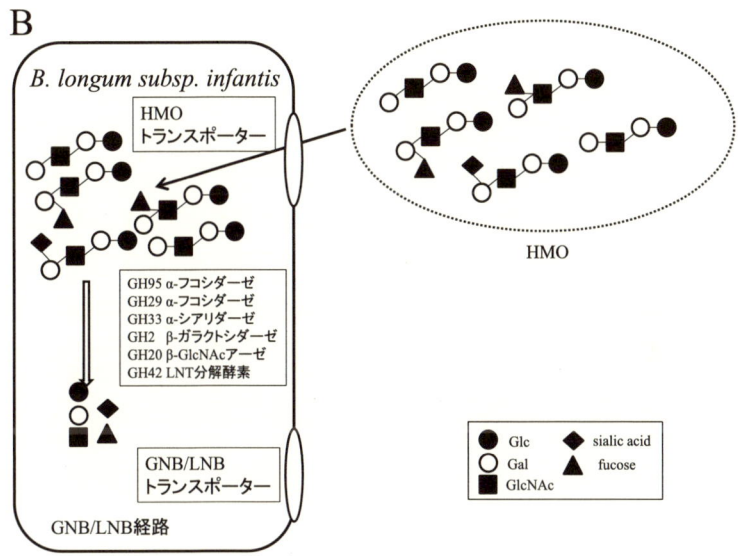

図4　ビフィズス菌のHMO代謝経路（北岡，2014)より複製
B, *B. longum* subsp. *infantis*.

非還元末端から2個目の残基であるGlc/GlcNAcにおいてβ-ガラクトシル結合の隣に結合したフコースを特異的に分解する（Sakurama et al., 2012)．なお，AfcBにより切断されるβ-ガラクトシル結合隣のフコシル基はタイプI鎖の場合は4位に，タイプII鎖の場合は3位に結合していることになるため，表記上 1,3/4-α-フコシダーゼとなる．これらのフコシダーゼを改変することにより，種々のフコシル糖鎖を選択的に合成する触媒に変換できることが示されている（Wada et al., 2008a; Sakurama et al., 2012)．

　タイプI鎖のコア四糖構造であるLNTは，GH20に属するラクト-N-ビオシダーゼ（LNBase）によりラクトースとLNBに分解される（Wada et al., 2008b)．ここで生成するLNBを選択的に利用することによりビフィズス菌が優先増殖を得ていると考えられる．タイプII鎖のコア四糖構造であるLNnTはLNTと異なり，非還元末端からGH2に属するβ-ガラクトシダーゼ（BbgIII）及びGH20に属するβ-N-アセチルヘキソサミニダーゼ（BbhI）により分解を受ける（Miwa et al., 2010). 最終的にラクトースも BbgIII により分解される. なお, BbgIII は他の多くの β-ガラクトシダーゼと同様に LNT 及び LNB を分解できない.

これら HMO 菌体外加水分解に関与する酵素 7 種が同定されたことにより, *B. bifidum* の HMO 代謝系が解明された（図 4A）. 菌体内 GNB/LNB 経路と合わせて *B. bifidum* に関しては LNB 仮説の妥当性が証明できたことになる. しかしながら以下に述べるとおりビフィズス菌の HMO 代謝経路は菌種特異的に異なっているため, LNB 仮説は *B. bifidum* 以外のビフィズス菌種では必ずしも成立しない.

5. *B. longum* subsp. *infantis* の HMO 代謝経路

乳児に多く見られるビフィズス菌種である *B. longum* subsp. *infantis* のゲノムには, *B. bifidum* のように菌体外 HMO 加水分解酵素をコードする遺伝子は見られない代わりに, HMO クラスターと呼ばれる多くのトランスポーター及び菌体内糖加水分解酵素群をコードした遺伝子領域を持つことが報告された（Sela et al., 2008）. このため, *B. longum* subsp. *infantis* では HMO の分子そのものを菌体に取り込んで HMO クラスターに含まれる加水分解酵素により菌体内で分解して利用していることが示唆された. HMO クラスターには, 1,2-α-フコシダーゼ（GH95）, 1,3/4-α-フコシダーゼ（GH29）, シアリダーゼ（GH33）, β-ガラクトシダーゼ（GH2）, β-N-アセチルヘキソサミニダーゼ（GH20）ホモログ遺伝子が存在している. また, ゲノム中には GNB/LNB 経路遺伝子クラスターは完全に保存されていたが, LNBase ホモログ遺伝子は存在しない上に活性も確認されない. GalHexNAcP は LNT を分解できないため, LNBase が存在しなければ HMO を GNB/LNB 経路に導入することができない.

B. longum subsp. *infantis* の LNT 分解に関わる酵素を探したところ, LNT を特異的に分解する GH42 に属する β-ガラクトシダーゼ Bga42A を見いだし, その特異性から LNT-1,3-β-ガラクトシダーゼと命名した（Yoshida et al., 2012）. 本酵素の発見により, *B. longum* subsp. *infantis* の HMO 代謝系は HMO 分子そのものを菌体内に取り込んで, exo 型の加水分解酵素群により菌体内で単糖に分解して利用していることが解明された（図 4B）. *B. longum* subsp. *infantis* は

GNB/LNB 経路を持っているが，少なくとも HMO 代謝においてはこの経路を利用していないことが示唆された．

6. 乳児型ビフィズス菌種の HMO 資化性

B. breve はしばしば乳児糞便中の優先ビフィズス菌種として報告される種である．しかしながら B. breve のゲノム中には菌体内 GH95 フコシダーゼや GH33 シアリダーゼをコードする遺伝子は存在するものの，LNBase 遺伝子や HMO クラスターが存在しないため，単独で HMO 代謝ができないことが示唆される．

我々は，HMO を唯一の炭素源として 4 種のビフィズス菌を培養しその増殖特性および HMO 各成分の消長を調べた（Asakuma et al., 2011）．その結果，B. bifidum および B. longum subsp. infantis は HMO 培地で良い増殖を示したが，B. breve および B. longum subsp. longum はほとんど増殖しなかった．そのため，これらのビフィズス菌種が母乳栄養乳児腸内で増殖することを説明するためには何らかの他の種との相互作用を考慮する必要があることがわかった．

B. longum subsp. infantis 培養では，菌体内に HMO をそのまま取り込み単糖に加水分解する代謝系を反映し，培養中に他のオリゴ糖を蓄積する現象は観測されなかった．B. bifidum は菌体外での加水分解を反映すると思われるラクトースを含む複数のオリゴ糖の一過的な濃度上昇が観測された．なかでも，LNB の濃度上昇も観測され，菌体外の LNB 生成速度が LNB 取り込み速度よりも速いことが示唆された．乳児型ビフィズス菌種は一般的に GNB/LNB 経路を持っている．B. bifidum 培養において一過的な LNB の濃度上昇が観測されることから，B. bifidum は B. breve などとのビフィズス菌種間共生の鍵になっている可能性が考えられた．

7．LNB の実用的な製造法

HMO の選択代謝による乳児腸管でのビフィズス菌の選択増殖を説明することは，当初の LNB 仮説よりも複雑で菌種間の共生関係も考慮する必要があることがわかった．しかしながら，GNB/LNB 経路は乳児型ビフィズス菌種の共通因子であるため，LNB 自身がビフィズス因子として作用する可能性が十分考えられた．

そこで，LNB の実用的な製造方法についての検討を行った．

　LNB は血液型抗原や糖脂質糖鎖の末端によく見られる機能性糖鎖の構造である．しかしながら，その有効な製造方法は知られていなかった．GalHexNAcP の逆反応を用いることにより LNB を Gal$P$ と GlcNAc から調製することは可能であるが，Gal1P の有効な製造方法がないためそのままでは実用的な LNB の製造法にはならない．

　筆者らは長年ホスホリラーゼを組み合わせて用いることによる種々のオリゴ糖合成系を開発してきた（Kitaoka and Hayashi, 2002）．この場合生成する糖 1 リン酸が同じホスホリラーゼの反応を組み合わせることにより別のオリゴ糖を製造することができる．安価な天然資源であるスクロースを加リン酸分解することにより α-グルコース 1-リン酸（Glc1P）を生成するスクロースホスホリラーゼが知られているため，スクロースホスホリラーゼと組み合わせて使用するとスクロースから別のオリゴ糖を製造する実用的な方法を開発することができる．筆者らはこの方法によりスクロースを原料としたセロビオースの実用的な製造法を開発した（北岡, 2002）．

　GalHexNAcP の生成する糖 1 リン酸は Gal1P であるため，このままではスクロースホスホリラーゼと組み合わせて用いることはできない．そこで Leloir 経路でガラクトース代謝に関わる 2 つの酵素 GalT および GalE を同時に用いる方法を考案した（図 5）．本来 GalT と GalE は協調して作用することにより，Gal1P を Glc1P に変換して解糖系への導入を行う酵素である．これらの酵素の反応は可逆であるため，Glc1P を Gal1P に変換する方向で用いることも可能である．

```
スクロース ＋ リン酸 ↔ Glc1P ＋ フラクトース    (SP)
UDP-Gal ＋ Glc1P ↔ Gal1P ＋ UDP-Glc           (GalT)
UDP-Glc ↔ UDP-Gal                             (GalE)
Gal1P ＋ GlcNAc ↔ LNB ＋ リン酸               (GalHexNAcP)
```
同時に反応させると　　　　　　　　　　　　　　四酵素
　スクロース ＋ GlcNAc ↔ LNB ＋ フラクトース　触媒量リン酸
　　　　　　　　　　　　　　　　　　　　　　　触媒量UDP-Glc

図 5　LNB 実用的調製法（北岡, 2014）より複製

ここで用いる4つの酵素はすべてビフィズス菌の持っている酵素である．4つの酵素を同時に作用させる反応系を考えると，結果的にスクロースとGlcNAcからLNBとフラクトースを生成する反応が予想される．ビフィズス菌由来酵素を大腸菌により調製し，実際に酵素比や補因子として加えるリン酸やUDP-Glc濃度を検討した上で反応を行ってみると収率良くLNBが生成することがわかった．600 mM GlcNAc, 660 mMスクロースを原料とした反応でGlcNAcから計算した収率は85%に達し，反応液中に約200 g/Lの濃度でLNBが蓄積した．反応液は，生成物であるLNB, フラクトースとともに未反応のスクロースおよびGlcNAcが残存している．反応液にパン酵母を加え発酵させると，スクロースおよびフラクトースのみ資化してLNBおよびGlcNAcはそのまま残存した．酵母処理液を濃縮して結晶化を行うことによりLNBを単離した．10Lスケールの反応液から，再結晶化操作により純度99%以上のLNBを1.4 kg得た（Nishimoto and Kitaoka, 2007c）．この方法では単離操作においてもクロマトグラフィーを一切使っておらず，容易にスケールアップを行うことができる．また基質のGlcNAcをGalNAcに変更することによりそのままGNBの製造法とすることも可能であった（Nishimoto and Kitaoka, 2009）．

LNBを大量に入手することが可能になったため，種々の機能性試験を行うことが可能になった．LNBは乳児から多く単離されるビフィズス菌種により資化されたが，他のプレバイオティクスオリゴ糖と異なりほとんどの乳酸菌が資化することができなかった（Kiyohara et al., 2009）．13種のビフィズス菌種合計203株の資化性を調べたところ，乳児に多い *B. longum* subsp. *longum*, *B. longum* subsp. *infantis*, *B. bifidum*, *B.breve* は調べたすべての菌株がLNB資化性を示したのに対し，成人の主要ビフィズス菌種である *Bifidobacterium adolscentis*, *Bifidobacterium catenulatum* はLNB資化性を示さなかった．この資化性は一部の例外を除きGNB/LNB経路の有無と一致していた（Xiao et al., 2010）．

LNBを炭素源として乳児糞便を培養すると，乳児型のビフィズス菌種の増殖を促進した．なかでも他のオリゴ糖と比べて有意に *B. bifidum* を増殖させた．また，酢酸/乳酸比が他のオリゴ糖と比べて顕著に高くなるなど他のプレバイオティクスオリゴ糖との差が見られた（Satoh et al., 2013）．以上のようにLNBは

特定のビフィズス菌種に対する選択性が非常に高かったことから，今までにないプレバイオティクス機能を持つことが期待される．

8. 結 び

我々は 2005 年に母乳栄養乳児腸内でのビフィズス菌の優先増殖を説明できる LNB 仮説を提唱した．その後の研究により，仮説が成立するために必要な酵素がすべて B. bifidum から発見された．また，GNB/LNB 代謝経路の分布が乳児型ビフィズス菌種と一致するなど LNB 仮説はある程度正しかったと思われる．大量調製に成功した LNB を食品素材として開発することが今後の課題である．

しかしながら，ビフィズス菌種により HMO 代謝系がことなることや，主要乳児型ビフィズス菌種である B. breve が HMO を単独では資化できないなど当初の LNB 仮説の想定では説明できない部分も現れている．そのため，母乳栄養乳児腸内でのビフィズス菌の優先増殖の理解には当初の LNB 仮説の想定になかったビフィズス菌種同士の共生関係も考慮する必要があると考えられた．

我々は最近，*B. longum* subsp. *longum* から新種の LNBase を発見した（Sakurama et al., 2013）．本酵素の発見をもって，ビフィズス菌の持つ HMO 分解に関わる酵素はすべて同定されたと考えている．これにより，ゲノム情報からビフィズス菌の HMO 資化性を理解することが可能になった．今後のバイオインフォマティクスの進化により母乳栄養乳児腸内でのビフィズス菌の優先増殖のメカニズムが解明される日も近いことを期待している．

引用文献

Amano, J., M. Osanai, T. Orita, D. Sugahara and K. Osumi 2009 Structural determination by negative-ion MALDI-QIT-TOFMS[n] after pyrene derivatization of variously fucosylated oligosaccharides with branched decaose cores from human milk. Glycobiology, 19:601–614.

Asakuma, S., E. Hatakeyama, T. Urashima, E. Yoshida, T. Katayama, K. Yamamoto, H. Kumagai, H. Ashida, J. Hirose and M. Kitaoka 2011 Physiology of the consumption of human milk oligosaccharides by infant-gut associated bifidobacteria. J. Biol. Chem., 286:34583–34592.

Ashida, H., A. Miyake, M. Kiyohara, J. Wada, E. Yoshida, H. Kumagai, T. Katayama and K. Yamamoto 2009 Two distinct α-L-fucosidases from *Bifidobacterium bifidum* are essential for the utilization of fucosylated milk oligosaccharides and glycoconjugates. Glycobiology, 19:1010-1017 (2009)

Derensy-Dron, D., F. Krzewinski, C. Brassart and S. Bouquelet 1999 β-1,3-Galactosyl-N-acetylhexosamine phosphorylase from *Bifidobacterium bifidum* DSM 20082: characterization, partial purification and relation to mucin degradation. Biotechnol. Appl. Biochem., 29:3-10.

Fujita, K., F. Oura, N. Nagamine, T. Katayama, J. Hiratake, K. Sakata, H. Kumagai and K. Yamamoto 2005 Identification and molecular cloning of a novel glycoside hydrolase family of core 1 type O-glycan-specific endo-alpha-N-acetylgalactosaminidase from *Bifidobacterium longum*. J. Biol. Chem. 280: 37415-37422.

Gauhe, A., P. György, J.R.E. Hoover, R. Kuhn, C.S. Rose, H.W. Ruelius and F. Zilliken 1953 Bifidus factor. IV. Preparations obtained from human milk. Arch. Biochem. Biophys. 48:214-224.

Gobson, G.R. and M.B. Roberfroid 1995 Dietary modulation of the human colonie microbiota: introducing the concept of prebiotic. J. Nutr. 125:1401-1412.

György, P., R.F. Norris and C.S. Rose 1953a Bifidus factor. I. A variant of *Lactobacillus bifidus* requiring a special growth factor. Arch. Biochem. Biophys. 48:193-201.

György, P., R. Kuhn, C.S. Rose and F. Zilliken 1953b Bifidus factor. II. Its occurrence in milk from different species and in other natural products. Arch. Biochem. Biophys. 48:202-208.

György, P., J.R.E. Hoover, R. Kuhn and C.S. Rose 1953c Bifidus factor. III. The rate of dialysis. Arch. Biochem. Biophys. 48:209-213.

日高秀昌・平山匡男 1985 フルクトース転移を行う微生物・植物酵素, 化学と生物 23:600-605.

本間道 1994 ビフィズス菌研究の歴史. 光岡知足編, ビフィズス菌の研究, 日本ビフィズス菌センター, 東京, 1-22.

Katayama, T., A. Sakuma, T. Kimura, Y. Makimura, J. Hiratake, K. Sakata, T. Yamanoi, H. Kumagai and K. Yamamoto 2004 Molecular cloning and characterization of *Bifidobacterium bifidum* 1,2-α-L-fucosidase (AfcA), a novel inverting glycosidase (glycoside hydrolase family 95). J. Bacteriol. 186:4885-4893.

Kitaoka, M. and K. Hayashi 2002 Carbohydrate-processing phosphorolytic enzymes. Trends Glycosci. Glycotechnol. 14:35-50.

北岡本光 2002 スクロースからセロビオースを生産する：高純度, 高収率, 経済的な調製を可能にした"スクロース異性化酵素"とは？ 化学と生物 40:498-500.

Kitaoka, M., J. Tian and M. Nishimoto 2005 Novel putative galactose operon involving lacto-N-biose phosphorylase in *Bifidobacterium longum*. Appl. Environ. Microbiol. 71:3158-3162.

Kitaoka, M. 2012 Bifidobacterial enzymes involved in the metabolism of human milk oligosaccharides. Adv. Nutr. 3:422S-429S.

北岡本光 2014 母乳のビフィズス菌増殖因子研究の最前線. バイオインダストリー, 31:5-12.

Kiyohara, M., A. Tachizawa, M. Nishimoto, M. Kitaoka, H. Ashida and K. Yamamoto 2009 Prebiotic effect of lacto-*N*-biose I on Bifidobacterial growth. Biosci. Biotechnol. Biochem. 73:1175—1179.

Kiyohara, M., K. Tanigawa, T. Chaiwangsri, T. Katayama, H. Ashida and K. Yamamoto 2011 An exo-α-sialidase from bifidobacteria involved in the degradation of sialyloligosaccharides in human milk and intestinal glycoconjugates. Glycobiology 21:437—447.

木幡陽 2009 母乳に含まれる少糖群の構造とその応用. 野口研究所時報 52: 3—28.

Kobata, A. 2010 Structures and application of oligosaccharides in human milk. *Proc. Jpn. Acad. Ser. B Phys. Biol. Sci.* 86:731—747.

Kunz, C. 2012 Historical aspects of human milk oligosaccharides. Adv. Nutr. 3:430S—439S.

Nakamura, T. and T. Urashima 2004 The milk oligosaccharides of domestic farm animals. Trends Glycosci Glycotechnol. 16:135—142.

Miwa, M., T. Horimoto, M. Kiyohara, T. Katayama, M. Kitaoka, H. Ashida, and K. Yamamoto 2010 Cooperation of β-galactosidase and β-N-acetylhexosaminidase from bifidobacteria in assimilation of human milk oligosaccharides with type-2 structure. Glycobiology 20:1402—1409.

Nakakuki, T. 2003 Development of functional oligosaccharides in Japan. Trends Glycosci. Glycotechnol. 15:57—64.

Nishimoto, M. and M. Kitaoka 2007a Identification of the putative proton donor residue of lacto-*N*-biose phosphorylase (EC 2.4.1.211). Biosci. Biotechnol. Biochem. 71:1587—1591.

Nishimoto, M. and M. Kitaoka 2007b Identification of *N*-acetylhexosamine 1-kinase in the complete lacto-*N*-biose I/galacto-*N*-biose metabolic pathway in *Bifidobacterium longum*. Appl. Environ. Microbiol. 73:6444—6449.

Nishimoto, M. and M. Kitaoka 2007c Practical preparation of lacto-N-biose I, the candidate of the bifidus factor in human milk. Biosci. Biotechnol. Biochem. 71:2101—2104.

Nishimoto, M. and M. Kitaoka 2009 One-pot enzymatic production of β-D-galactopyranosyl-(1→3)-2-acetamido-2-deoxy-D-galactose (galacto-*N*-biose) from sucrose and 2-acetamido-2-deoxy-D-galactose (*N*-acetylgalactosamine). Carbohydr. Res. 344:2573—2576.

Sakurama, H., S. Fushinobu, M. Hidaka, E. Yoshida, Y. Honda, H. Ashida, M. Kitaoka, H. Kumagai, K. Yamamoto and T. Katayama 2012 1,3-1,4-α-L-Fucosynthase that specifically introduces Lewis a/x antigens into type-1/2 chains. J. Biol. Chem., 287: 16709—16719.

Sakurama, H., M. Kiyohara, J. Wada, Y. Honda, M. Yamaguchi, S. Fukiya, A. Yokota, H. Ashida, H. Kumagai, M. Kitaoka, K. Yamamoto and T. Katayama 2013 Lacto-*N*-biosidase encoded by a novel gene of *Bifidobacterium longum* subsp. *longum* shows a unique substrate specificity and requires a cognate chaperon for its active expression. J. Biol. Chem. 288: 25194—25206.

Satoh, T., T. Odamaki, M. Namura, T. Shimizu, K. Iwatsuki, M. Kitaoka, M. Nishimoto and J.-z. Xiao 2013 In vitro comparative evaluation of the impact of lacto-*N*-biose I, a major building block of human milk oligosaccharides, on the fecal microbiota of formula-fed infants. Anaerobe 19:50−57.

Schell, M.A., M. Karmirantzou, B. Snel, D. Vilanova, B. Berger, G. Pessi, M.C. Zwahlen, F. Desiere, P. Bork, M. Delley, R.D. Pridmore and F. Arigoni 2002 The genome sequence of *Bifidobacterium longum* reflects its adaptation to the human gastrointestinal tract. Proc. Natl. Acad. Sci. USA 99:14422−14427.

Sela, D.A., J. Chapman, A. Adeuya, J.H. Kim, F. Chen, T.R. Whitehead, A. Lapidus, D.S. Rokhsar, C.B. Lebrilla, J.B. German, N.P. Price, P.M. Richardson and D.A. Mills 2008 The genome sequence of *Bifidobacterium longum* subsp *infantis* reveals adaptations for milk utilization within the infant microbiome. Proc. Natl. Acad. Sci. USA, 105:18964−18969.

Suzuki, R., J. Wada, T. Katayama, S. Fushinobu, T. Wakagi, H. Shoun, H. Sugimoto, A. Tanaka, H. Kumagai, H. Ashida, M. Kitaoka and K. Yamamoto 2008 Structural and thermodynamic analyses of solute-binding protein from *Bifidobacterium longum* specific for core I disaccharide and lacto-*N*-biose I. J. Biol. Chem., 283:13165−13173.

Taufik, E., K. Fukuda, A. Senda, T. Saito, C. Williams, C. Tilden, R. Eisert, O. Oftedal and T. Urashima, 2012 Structural characterization of neutral and acidic oligosaccharides in the milks of strepsirrhine primates: greater galago, aye-aye, Coquerel's sifaka and mongoose lemur. *Glycoconjugate J.* 29:119−134.

浦島 匡・朝隈貞樹・福田健二 2008 ヒトミルクオリゴ糖の生理作用. ミルクサイエンス, 56:155−176.

Urashima, T., G. Odaka, S. Asakuma, Y. Uemura, K. Goto, A. Senda, T. Saito, K. Fukuda, M. Messer and O.T. Oftedal 2009 Chemical characterization of oligosaccharides in chimpanzee, bonobo, gorilla, orangutan, and siamang milk or colostrum. Glycobiology, 19: 499−508.

Wada, J., Y. Honda, M. Nagae, R. Kato, S. Wakatsuki, T. Katayama, H. Taniguchi, H. Kumagai, M. Kitaoka and K. Yamamoto 2008a 1,2-α-L-Fucosynthase: A glycosynthase derived from an inverting α-glycosidase with an unusual reaction mechanism. FEBS Lett. 582:3739−3743.

Wada, J., T. Ando, M. Kiyohara, H. Ashida, M. Kitaoka, M. Yamaguchi, H. Kumagai, T. Katayama and K. Yamamoto 2008b Bifidobacterium bifidum lacto-N-biosidase, a critical enzyme for the degradation of human milk oligosaccharides with a type 1 structure. Appl. Environ. Microbiol. 74:3996−4004.

Xiao, J.-z., S. Takahashi, M. Nishimoto, T. Odamaki, T. Yaeshima, K. Iwatsuki and M. Kitaoka 2010 Distribution of in vitro fermentation ability of lacto-*N*-biose I, the major building block of human milk oligosaccharides, in bifidobacterial strains. Appl. Environ. Microbiol. 76:54−59.

Yoshida, E., H. Sakurama, M. Kiyohara, M. Nakajima, M. Kitaoka, H. Ashida, J. Hirose, T. Katayama, K. Yamamoto and H. Kumagai 2012 *Bifidobacterium longum* subsp. *infantis* uses two different β-galactosidases for selectively degrading type-1 and type-2 human milk oligosaccharides. Glycobiology, 22: 361−368.

第2章
新しい昆虫産業を創る！
―カイコにおける次世代ゲノム改変技術の開発と異分野融合―

瀬筒秀樹

(独) 農業生物資源研究所　遺伝子組換え研究センター

1. はじめに

　カイコ（蚕）はシルクを生産する優れた家畜昆虫・農業昆虫である．カイコの研究・養蚕技術・遺伝子組換え技術では日本が優位にあるが，生産コストの問題などのため，わが国の養蚕業は存亡の危機に立たされている．2014年，富岡製糸場と絹産業遺産群が世界文化遺産に登録され，従来の養蚕・絹業文化を守る動きが進んでいるが，一方では異分野融合によってカイコを用いた新産業（新蚕業）を創る動きも進みつつある．例えば，遺伝子組換えカイコを用いた有用タンパク質や高機能シルク生産への応用が進み，2011年には一部が実用化され，農家らによる遺伝子組換えカイコの飼育も始まり，2014年には遺伝子組換えカイコの解放系（第1種使用）での試験飼育も始まっている．また，光るシルク・クモ糸シルク・再生医療材料用シルクなどの開発や，バイオセンサ，ヒト病態モデル，害虫モデルなどとして利用する方法の開発も進みつつある．さらに近年，ゲノム編集という次世代ゲノム改変技術が開発され，ゲノム研究の高度化および応用の加速化が期待されている．本稿では，カイコを有用昆虫利用モデルとする昆虫新産業創出に向けた，カイコのゲノム改変技術の開発とその応用について紹介する．

2. カイコの利点

(1) 家畜化された農業昆虫

　カイコ（*Bombyx mori*）は，約 5 千年の養蚕の歴史において，中国で野生種のクワコ（*Bombyx mandarina*）から品種改良されたと言われており，完全に家畜化（馴化）された生物である．幼虫はあまり動かず，成虫は飛ぶ事ができず，人間が世話をしないと生きられない．卵で休眠する休眠卵と，休眠しない非休眠卵があり，1 化性（1 年に 1 回しか孵化しない），2 化性（年 2 回孵化），多化性（休眠しない）の様々な品種がある．休眠卵も，産卵翌日に塩酸に浸けると非休眠化が可能であり，産卵 2 日後に冷蔵庫に入れれば約半年後に孵化させることが可能で，孵化時期をコントロールすることができる．非休眠卵の場合，1 世代は約 7 週間であり（図 1），産卵後約 10 日で孵化してから，約 3 週間で 4 回脱皮を行って体長 6～8cm・重さ 3～5g ほどの 5 齢幼虫となって，体重は約 1 万倍にもなり，糸を吐いて繭を作り始める．繭の中で蛹になり，約 10 日後に羽化して成虫となって，

図 1　カイコの一生

羽化後すぐに交尾して産卵する．成虫は口が退化しているので餌を食べず，約 1 週間で 400～600 個の卵を産んで一生を終える．

(2) 確立された高度な飼育技術

カイコは，1000 頭/m² 程度の高密度（図 2）での数万～数百万頭レベルの大量飼育が可能で，それらの生育をそろえることができる高度な養蚕技術が確立されているのは特筆すべき点である．室温飼育が可能で燃料代や餌代も安く，シルクは石油を原料としない天然繊維であり，低炭素社会・持続型農業への貢献も可能である．優れた人工飼料も開発されており，通年・無菌飼育も行える．日本には 100 年以上のカイコの農学・遺伝学の歴史があり，生理学などの研究においても優れた研究が多くなされている．交雑種が生産性や頑健性などで優れた特性を有するという「雑種強勢」も，カイコにおいて発見され，養蚕などの農業現場に急速に普及した研究成果である．カイコゲノムは 2008 年にほぼ完全に解読され，様々な遺伝子組換え技術も，昆虫ではキイロショウジョウバエに次いで確立されており，日本が世界をリードしている研究材料といえる．一方でカイコは，相当の技術・知識がないと飼育・継代・研究するのが難しい材料でもあり，未経験者

図 2　高密度でのカイコの飼育の様子

にとっては参入障壁が高い．とくに，養蚕業が無い欧米では利用が少なく，普及においてはカイコの認知不足が問題となるが，参入障壁の高さや欧米での利用の少なさは，日本がカイコ利用分野をリードできる利点にもなる．

(3) 高いシルク生産能力

カイコの最大の利点の1つは，シルク（絹糸）を生産する高い能力をもつことであろう．幼虫は一生で合計20〜30gの桑の葉（図1）を食べて，長さ800〜1500m,重さ0.2〜0.5gもの繭糸を吐いて繭を作るので，優れた生物工場かつ紡糸工場である．繭糸は，繊維タンパク質のフィブロインと，糊の役割をもつタンパク質のセリシンという，2種の繭糸タンパク質からなる（図3）．熱水などでセリシンを少し溶かす煮繭（しゃけん）によって，繭をほぐして繭糸を取り出す繰糸（そうし）が行われ，複数の繭からとった繭糸がよりあわされ，1本の生糸（きいと）になる．生糸からセリシンを本格的に除く精錬（れいれん）によって，プリズム構造により独特の光沢をもつ絹糸（けんし，きぬいと）が得られる．

繭糸タンパク質は，タンパク質を大量合成・分泌・繊維化するために特化した「絹糸腺（けんしせん）」という大型の器官でつくられる（図3）（瀬筒・立松，2014）．繭糸の約98%はタンパク質であり，不純物が少なく，後述する有用タンパク質生産において利点となる．絹糸腺は，1層の巨大な細胞で囲まれた筒状器官であり，特定遺伝子を大量発現するために各細胞内の染色体は数十万倍に倍加しており，1日当たりのタンパク質合成速度は培養細胞の100万倍以上とされる．合成された繭糸タンパク質は，内腔に分泌されて液状タンパク質として貯蔵され，吐糸口から出される際に繊維化される．繭糸タンパク質の約75%は，繊維となるフィブロインであり，後部絹糸腺で合成・分泌されている（図3）．フィブロインは複合タンパク質であり，約350 kDaのフィブロインH鎖と，約28 kDaのフィブロインL鎖がジスフィルド結合し，さらに約25 kDaのフィブロヘキサマリン（P25）という糖タンパク質と結合した複合体として絹糸腺内腔に分泌される．繭糸タンパク質の約25%は接着性・水溶性のセリシンであり，それぞれ異なる役割や性質を持つセリシン1〜3の3種類があり，中部絹糸腺で合成・分泌されている（図3）．

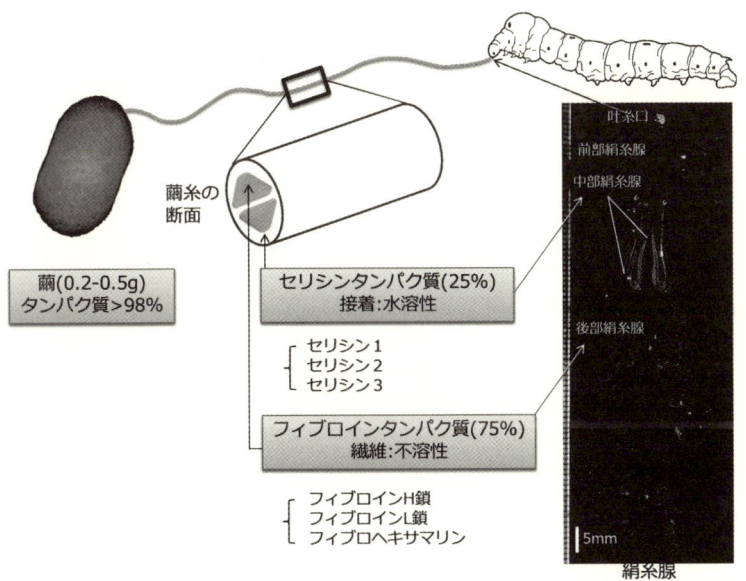

図3 繭糸の断面，繭糸タンパク質の構成成分，絹糸腺の構造（瀬筒・立松，2014）

3. 養蚕業と昆虫新産業

　養蚕業は，日本の経済発展と近代化に貢献し，繭生産量はピーク時には約40万トン（1930年），養蚕農家戸数は221万戸（1929年）あった．しかしながら，2013年には繭生産量168トン，養蚕農家486戸と縮小しており（一般財団法人大日本蚕糸会発行シルクレポートNo.39より），国際競争力不足や従事者高齢化などにより，養蚕業は存亡の危機にある．2014年に富岡製糸場と絹産業遺産群が世界文化遺産への登録され，蚕糸・絹業に関する伝統文化の一部は遺産として残る見込みだが，一方では技術の継承や産業としての存続は，非常に危ぶまれている．そのため，従来の養蚕技術と，新しいバイオ技術を組み合わせ，わが国発の新産業を興そうという機運が高まっている．

　2000年に当研究所の田村らが，カイコの優れた能力と可能性に着目し，世界に先駆けてカイコでの遺伝子組換えに成功して以来（Tamura et al., 2000），組換え

技術の進歩とともに，組換えシルクと組換えタンパク質生産系の開発などによる新産業創出への応用が進んできた．昆虫は多様であり，物質生産・分解，行動，擬態，繁殖などにおいて優れた能力を有するが，養蚕や養蜂など以外では未利用の資源である．近年，昆虫のゲノム研究とゲノム改変技術は驚くほど進展しつつあり，それらの情報と技術を用いて昆虫の産業利用を拡大することが期待されている．我々は現在，わが国が研究をリードし，すでに遺伝子組換え生物利用の実用化に成功しているカイコを有用昆虫利用モデルとして，次世代ゲノム改変技術の開発とその応用による昆虫新産業創出を目指している．

4. カイコの遺伝子組換え技術の開発

(1) トランスポゾンベクターを用いた遺伝子組換え技術

遺伝子組換えカイコ（トランスジェニックカイコ，GMカイコ）とは，外来遺伝子をゲノムに組み込んだカイコのことである（後述のゲノム編集によって作られた遺伝子ノックアウトカイコなども含めることも多い）．昆虫での遺伝子組換え

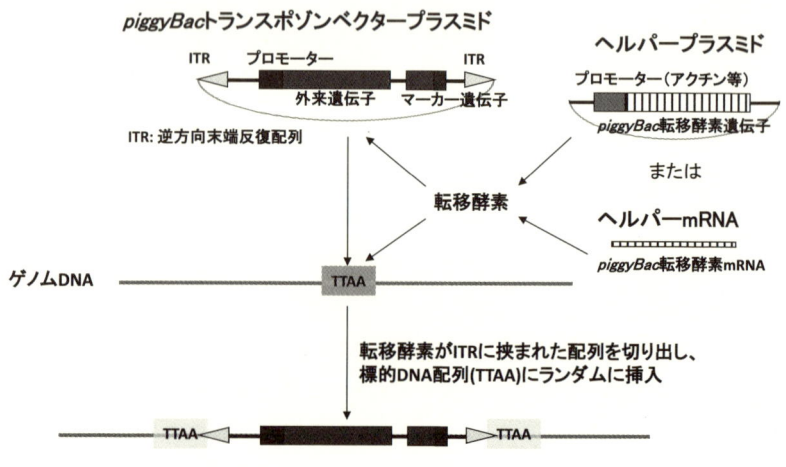

図4　トランスポゾンを用いた遺伝子組換え法

法は，トランスポゾン（ゲノムの中を転移できる因子）を遺伝子のベクター（運び屋）として用いて，ベクターの DNA を卵（初期胚）に注射して行う方法が一般的である（神村ら，2009）．*piggyBac* という種類のトランスポゾンが最もよく用いられており，トランスポゾンベクターに外来遺伝子とマーカー遺伝子を組み込むと，転移酵素を供給するヘルパーの働きによって，ベクターはゲノム DNA に挿入される（図 4）．外来遺伝子は染色体に組み込まれるため，次世代以降にも安定的に伝わる．バキュロウイルスベクター（Maeda et al., 1985）も，カイコ個体や昆虫培養細胞では良く用いられているが，バキュロウイルスを感染させて一過的に外来遺伝子を発現させて組換えタンパク質を作らせる目的であり，後代には遺伝しないという違いがある．

(2) 卵への DNA・RNA マイクロインジェクション

遺伝子組換えカイコを作る際には，上記のトランスポゾンベクタープラスミドなどの外来遺伝子の DNA と，転移酵素を供給するヘルパープラスミド DNA や mRNA の溶液を，産卵後 4〜8 時間以内の初期胚の将来生殖細胞になる部分にマイクロインジェクション（微量注射）する（図 5）．なお，後述のゲノム編集法では，同様の方法で mRNA 溶液を注射している．他の昆虫（キイロショウジョウバエなど）ではガラスの注射針で DNA（RNA）溶液を注射するが，カイコは卵殻が厚いため，ガラス針で注射するとすぐ折れてしまうという問題があった．そのため，金属の針で穴を空け，その穴にガラスの注射針を入れて注射する方法が開発された．開発当初は 2 つの針の位置を合わせるのが非常に難しかったが，装置（マニピュレーター）の精度向上などによって，現在では比較的容易になった．注射した当代では，外来遺伝子が体の細胞の一部のみに組み込まれるが，生殖細胞に組み込まれれば，その精子や卵子から得られた次世代の個体は，外来遺伝子が全細胞に組み込まれた遺伝子組換えカイコとなる．現在では，200〜300 個の卵に注射すれば，数系統以上の遺伝子組換えカイコが得られる．

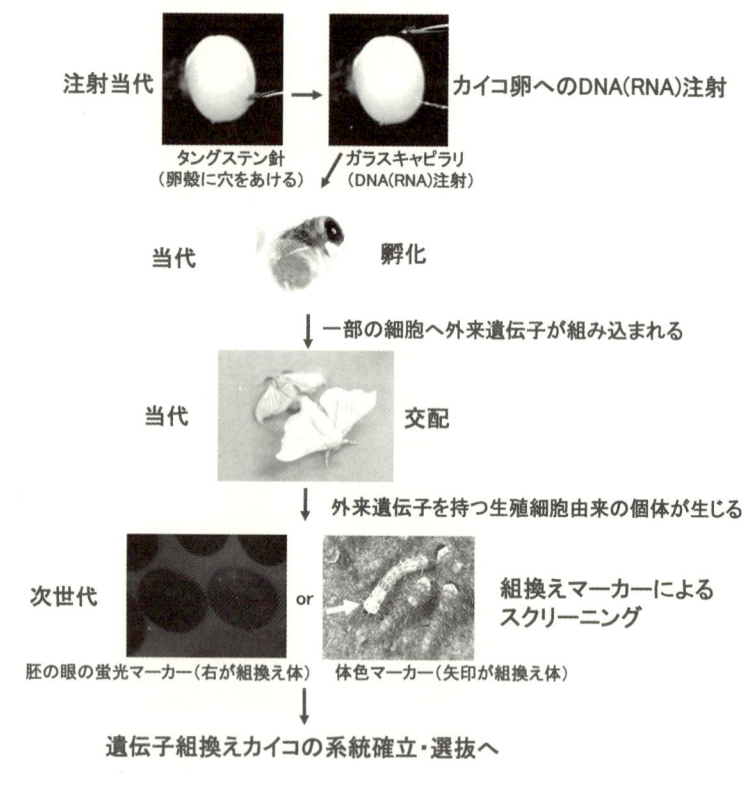

図5 卵(初期胚)へのDNA(RNA)注射による遺伝子組換えカイコの作出法
(瀬筒 2014a 改)

(3) 遺伝子組換えカイコの目印となる組換えマーカー

　外来遺伝子の導入の有無の確認のために，つまり遺伝子組換え体かどうかを判別するためには，目印となる組換えマーカーをベクターに同時に組み込むことが多い（図 4,5）．蛍光タンパク質を眼または全身で発現させると判別しやすいため，可視的なマーカーとして良く利用されている．また，蛍光顕微鏡が不要で肉眼で判別できる体色マーカーの開発も進められ，キヌレニン酸化酵素遺伝子を用いて幼虫体色が茶色になるマーカーや，アリールアルキルアミンNアセチルトランスフェラーゼ遺伝子を用いて幼虫体色の黒色部分が薄くなるマーカーなども開

発されている（Osanai-Futahashi et al., 2012）.

5. 次世代ゲノム改変技術の開発

(1) 急速に進歩しつつあるゲノム編集技術

　新しい遺伝子組換え技術（ゲノム改変技術）として，2010年前後から急速に進歩してきたゲノム編集技術が注目されている（山本，2014）．ゲノム編集は，どの生物種でも比較的容易に低価格でゲノム改変が可能な，まさに画期的な技術である．従来のトランスポゾンを用いる外来遺伝子導入法は，内在性遺伝子は変えずに外来遺伝子をゲノムにランダムに挿入する技術であり，内在性遺伝子に比べて外来遺伝子の発現量が低く，ゲノムのどこに挿入されるかによって発現量や発現パターンが異なるという問題があった．ゲノム編集では，狙った遺伝子を破壊または置換することが可能になり，導入遺伝子の発現量と発現安定性の向上が期待できる．それにより，カイコや他の昆虫の利用可能性を高めることが可能とな

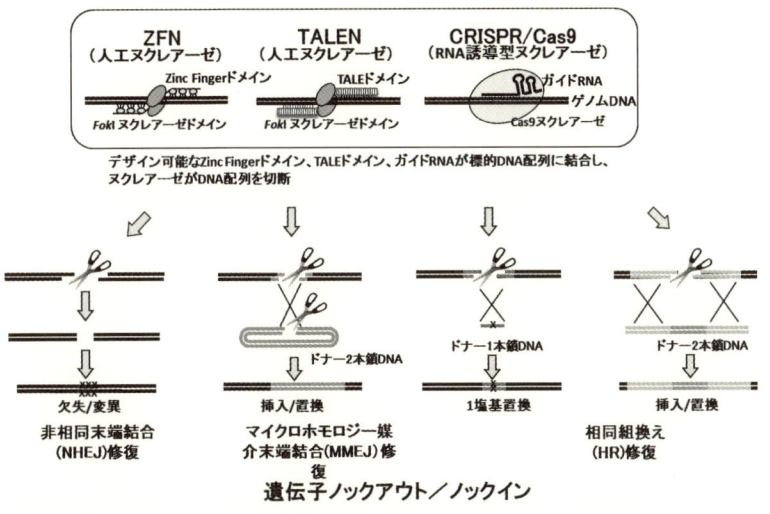

図6　人工ヌクレアーゼなどを用いたゲノム編集法

る（瀬筒, 2014a）.

ゲノム編集は, 狙ったDNA配列を切断するために, 標的DNAへの結合部位をデザイン可能なDNA切断酵素である人工ヌクレアーゼなどを用いる. DNA二本鎖切断が生じると, 細胞が持っている様々なDNA修復機構によって修復される. 非相同末端結合で修復されると, 欠失や変異が生じやすく（遺伝子ノックアウト）, 相同配列を含むドナーDNAがあれば, それを鋳型として修復され, ドナーDNAの挿入や置換が生じやすい（遺伝子ノックイン）（図6）.

(2) ジンクフィンガーヌクレアーゼ（ZFN）

ZFN（Zinc Finger Nuclease）は, 1996年に開発された画期的な概念で, DNA結合部位のZinc-FingerドメインとDNAの二本鎖切断活性を持つ$FokI$ヌクレアーゼドメインを融合させた人工ヌクレアーゼである（図6）. Zinc-Fingerドメインを自分でデザインすることができるが, そのデザインは制限が多くて難しく, ZFNの作製を依頼すると高価であるという問題もあり, あまり普及しなかった.

(3) TALEヌクレアーゼ（TALEN）

TALEN（Transcription Activator-Like Effector Nuclease）は, 2010年に開発され, DNA結合部位のデザインが比較的容易で, ノックアウト効率も高いため, 急速に普及した（図6）. もともとは, 植物病原菌が感染時に宿主植物のDNAに特異的に結合して宿主の遺伝子の発現を制御する系を利用したもので, そのDNA結合ドメインとヌクレアーゼドメインを融合させたものがTALENである. TALEドメインのデザインが容易で, 自作も比較的容易であり, 様々な改良によって効率が改善された（山本, 2014）. カイコではTALENが良く効くことが知られており, 驚異的な効率で遺伝子ノックアウトが可能であり（Daimon et al., 2014）, 現在多数の遺伝子ノックアウトカイコが作られている.

(4) CRISPR/Cas9

CRISPR（Clustered Regularly Interspaced Short Palindromic Repeat）/Cas9システムは, 2013年に開発された新しい技術で, RNA誘導型ヌクレアーゼを用いる技術である（図6）. もともとは, 真正細菌などが生体内に侵入した外来DNAを排除する獲得免疫システムを利用したもので, TALENよりもさらに簡便なため, ごく短期間で世界中で利用されるようになった. とくにマウスなどでは,

TALENよりも効率が良いため，良く用いられている．ガイドRNAと呼ばれる配列が標的DNAに結合し，Cas9ヌクレアーゼを誘導して切断する系であり，標的DNAの相同配列をオリゴDNAとして合成してベクターに組み込んでCas9と共発現させるだけでよい．カイコでも成功例が報告されているが，現状では効率がTALENよりも低いと考えられており（Daimon et al., 2014），生物種による効果の違いがあるらしい．ガイドRNAの標的DNAとの相同配列部分が短いため，標的とするゲノム部位以外のDNA配列を切断するオフターゲット効果も懸念される．

(5) 遺伝子ノックイン法の改良 : PITCh法

相同組換え修復を介した遺伝子ノックイン（図6）は，生物種によっては相同組換え効率が低いなどの理由によってノックイン効率が低く，カイコでもこれまで1回しか成功しておらず（Daimon et al., 2014），技術的な改良が求められていた．そこで新たな方法として，マイクロホモロジー媒介末端結合（図6）を利用した遺伝子ノックイン法が開発された．PITCh（Precise Integration into Target Chromosome）システムは，TALENやCRISPR/Cas9でゲノムとドナーを切断し，マイクロホモロジーで外来遺伝子を効率的に正確に挿入するという方法であり，ヒト細胞，カエルおよびカイコ（図7）でも，この方法が高効率である

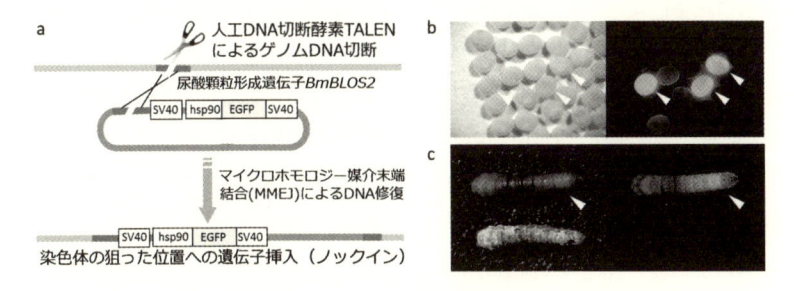

図7 カイコにおける簡便・正確・高効率な遺伝子挿入法の開発
卵および幼虫全身で緑色蛍光タンパク質を発現する組換えマーカー遺伝子を，幼虫皮膚で尿酸顆粒の形成に関わる遺伝子の中に，遺伝子ノックインした例．a 原理と方法，b 白い矢頭がノックインに成功した卵．c 上の幼虫（白い矢頭）がノックインしたカイコ．下の幼虫が正常なカイコ，上の幼虫では尿酸顆粒形成遺伝子が破壊され，皮膚が透明になっている．同時に上の幼虫では，ノックインによる全身の蛍光が確認された．

ことがわかった (Nakade et al., 2014). 今後, フィブロインやセリシンなどの発現量が高い内在性遺伝子の位置に外来遺伝子を挿入することで, 遺伝子組換えカイコでの有用物質生産量が劇的に増えることが期待されている.

6. 遺伝子組換えカイコの活用方法

遺伝子組換えカイコを何に利用するかというと, (1)遺伝子機能解析, (2)新しいカイコの利用法の開発 (機能改変カイコの開発), (3)有用タンパク質大量生産, (4)新しいシルクの開発と生産などが考えられる. これらについて, 以下に述べる.

(1) 遺伝子機能解析

カイコは, 生物多様性を理解するためのチョウ目昆虫モデル, 新たな農薬・昆虫制御法開発のための害虫モデル, 生物管理法開発のための家畜モデル, ヒトの病気のモデルなどとして利用可能と考えられる. カイコのゲノムは解読されているが, ほとんどの遺伝子が機能未知のままであり, それらの機能解析などによる基礎研究を, 将来の需要創出につなげることも重要である. 遺伝子機能解析においては, 遺伝子組換えカイコを用いた機能証明が有用となる.

カイコは古典的な突然変異体や品種が多数保存されており, ナショナルバイオリソースプロジェクト NBRP (Banno et al., 2010) や農業生物資源研究所ジーンバンク事業によって配布されている. カイコゲノムが 2008 年にほぼ完全解読され, 各突然変異体の原因遺伝子の同定と機能解明が進んできた (嶋田, 2014). 例えば, カイコの幼虫の模様は, p 遺伝子座により 15 もの異なる模様が作られているが, その原因遺伝子が Apontic-like 転写因子であることが最近明らかにされた (Yoda et al., 2014). さらに, 昆虫病原細菌が作る殺虫性タンパク質 (Bt 毒素) に抵抗性をもつカイコの突然変異体から, 新規の抵抗性遺伝子として ABC トランスポーターが発見され, 害虫の BT 剤や Bt 組換え作物に対する抵抗性発達の理解に役立つと考えられている. 他にも, 80 年間謎であったカイコの性決定の最上流因子が, タンパク質ではなく小分子 RNA であることが最近明らかにされている (Kiuchi et al., 2014). また, 突然変異体の原因遺伝子として, ヒトの病気の原因となる遺伝子のホモログもいくつか見つかっている (嶋田, 2014). 例えば, カイコの突然変異 *lemon* (黄体色) の原因が, セピアプテリン還元酵素(SPR)の

遺伝子の異常によることが明らかとなり，変異体はテトラヒドロビオプテリンやドーパミンによる薬物治療が可能な事から，ヒトの遺伝病である SPR 欠損症のモデルとして使用できる可能性が示された．また，尿酸代謝の異常により幼虫の真皮細胞が透明になる突然変異である油蚕（あぶらこ）は，これまでにカイコで 30 以上の遺伝子座が報告されており，ヒトの尿酸代謝系の病態モデルとして期待されている．今後も，カイコを用いて様々な有用遺伝子が発見されるであろう．

(2) 新しいカイコの利用法の開発：機能改変カイコの開発

近年マウスなどでの動物実験の規制が厳しくなりつつあるため，動物代替モデルとしてカイコを利用しようという新しい試みが進められている．カイコは，マウスの 1/100 程度のコストで飼育が可能であり，多くの薬物の体内動態が哺乳類と似ており，重要なシグナル伝達系は哺乳類と比較しても保存されている．そこで，カイコを急性毒性試験や医薬品スクリーニングに用いるという試みが，この分野のパイオニアである東大の関水・浜本らによって行われている．すでに，非組換えカイコを用いたスクリーニングにより，多剤耐性菌を殺す新規の抗生物質ライソシン E が発見され，注目されている（Hamamoto et al., 2014）．さらに，ヒトの遺伝子などを導入した遺伝子組換えカイコを用いた医薬品スクリーニングも進められており，例えばヒトインシュリン受容体を導入したヒト糖尿病モデルカイコが開発されている（Matsumoto et al., 2014）．他にも，変異型 *ras* 遺伝子を導入したガンモデルや，様々なヒト GPCR 遺伝子を導入したカイコを用いた薬物スクリーニングが試みられている．

新しいカイコの利用法として，バイオセンサとなるカイコの開発も行われている．カイコのオス成虫は，メスの性フェロモンを高感度で感知し，羽ばたきなどの性行動を示すが，オス成虫の触角のフェロモン受容体を改変することで，様々な匂いや光などの刺激に反応することが可能となる（Sakurai et al., 2011）．この原理を利用した新たなバイオセンサが期待されており，東大の神崎・櫻井らによって開発が進められている．

(3) 有用タンパク質大量生産：医薬品・検査薬・化粧品の原材料の生産

現在，遺伝子組換えカイコによる医薬品・検査薬・化粧品の原材料となる組換

えタンパク質の生産に注目が集まっている．遺伝子組換えカイコを用いて組換えタンパク質を生産する際には，中部絹糸腺発現系が主に用いられている（図 8）（瀬筒・立松, 2014）．目的タンパク質をセリシン層へ分泌させれば，セリシンは水溶性なのでリン酸バッファーなどで溶解しやすく，活性も損なわれにくい．また，IgG 型抗体のような複雑な構造をとるタンパク質の生産も可能であり，大腸菌や哺乳類培養細胞では発現が困難であったタンパク質の発現が可能だった例もある．

　タンパク質の活性や安定性などに影響を与える糖鎖修飾に関しては，バキュロウイルスによる脂肪体などでの組換えタンパク質発現系では，N 結合型糖鎖は，哺乳類型の糖鎖とは異なるフコースが付加された昆虫型のトリマンノシルコア型糖鎖が付加されるが，絹糸腺発現系においては，ヒト型にやや近いコンプレックス型糖鎖やハイマンノース型糖鎖が付加されることがわかってきた．また，ガラクトースやシアル酸はつかず，またフコースもほぼ付加されない．遺伝子組換えカイコで生産した抗体医薬品のリツキシマブ（抗 CD20 抗体）の特性解析を，国立医薬品食品衛生研究所と共同で行ったところ，フコースを持った糖鎖がほとんどないために，哺乳類培養細胞（CHO 細胞）で生産した抗体に比べて著しく高い抗体依存性細胞傷害（ADCC）活性を有することが示された．現在，糖鎖修飾をさらにヒト型に近づけるための研究も進められている．

　中部絹糸腺発現系は，IE1/hr3 系や GAL4/UAS 系を用いており（瀬筒・立松, 2014），いずれも幼虫 1 頭当たり最大で数 mg から 10mg 程度の組換えタンパク質を生産可能である．IE1/hr3 系は，昆虫に感染するバキュロウイルスが持つ IE1 トランスアクチベーターと hr3 エンハンサーが宿主の昆虫の遺伝子の発現をコントロールする性質を利用して，目的遺伝子の発現量を上昇させる系である．GAL4/UAS 系は，酵母の転写活性化因子 GAL4 とその認識配列の上流活性化配列 UAS を用いて目的遺伝子の発現を活性化・増強させる系である（図 8）．発現組織の変更が可能なので用途が広く，GAL4 系統と UAS 系統を交配しないと目的遺伝子が発現しないので，有害遺伝子を持つカイコ系統の確立も可能という利点がある．これまでに抗体，サイトカイン，酵素などを，生理活性を維持したまま生産することに成功している．目的タンパク質の抽出と精製は，絹糸腺または繭か

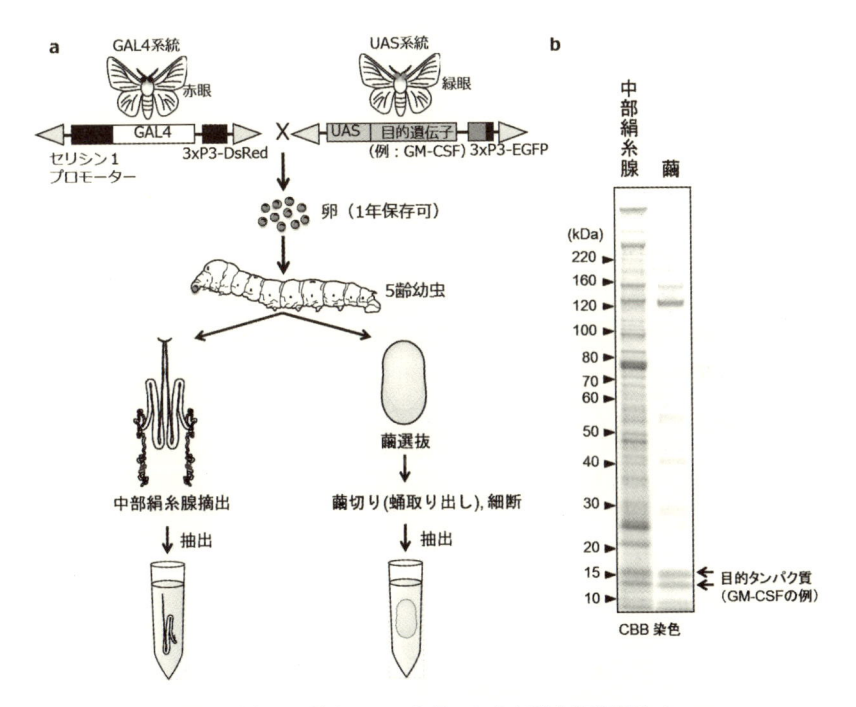

図8 遺伝子組換えカイコを用いた中部絹糸腺発現系での
有用タンパク質生産例（瀬筒・立松，2014改）
a GAL4/UAS系による目的タンパク質の生産と絹糸腺または繭からの抽出，
b 絹糸腺および繭の抽出液のSDS-PAGE

らの粗抽出液を各種カラムなどによって精製する．繭は夾雑タンパク質が少なく，長期保存も可能であるが，抽出効率が低いケースがある．

(4) 新しいシルクの開発と生産

　遺伝子組換えによる高機能・高付加価値シルクの開発は，養蚕の復興のためにも大きな期待がよせられている．高機能シルクとしては，蛍光色，色素，繊度変化，強度，伸度，耐久性，細胞接着性，抗菌性，組織再生能力などを付与したシルクが考えられる．それらの性質を有すると外来遺伝子配列を組み込んだ組換えシルクの開発が現在進められている．具体的な方法としては，性質を変えるための遺伝子を，フィブロインH鎖またはL鎖遺伝子に組み込んだベクターを作製して，カ

イコに導入する方法が現在利用されている．組換えフィブロイン H 鎖または L 鎖は，内在性のフィブロインと複合体を形成して，絹糸腺内腔に分泌されて吐糸され，シルクに新しい機能を付与する．しかしこの技術では，組換えフィブロインは，内在性のフィブロインに対して数％含まれる程度である．ゲノム編集技術を用いて，内在性のフィブロイン遺伝子をノックアウトやノックインすれば，組換え 100％のフィブロインを作ることも原理的には可能である．だが，フィブロインの合成・分泌・吐糸までには複雑なプロセスを要し，アミノ酸配列つまり化学的性質が大きく異なる組換えフィブロインの場合，各プロセスに障害が生じ，吐糸できない可能性がある．合成・分泌・吐糸のメカニズムの解明と制御技術の開発が今後重要な課題であろう．

7．異分野融合による新産業創出の試みの現状

　異分野連携によって，上述の医薬品・検査薬・化粧品などの原料となる組換えタンパク質の生産，高付加価値な高機能シルクの開発，ヒト病態モデルや害虫モ

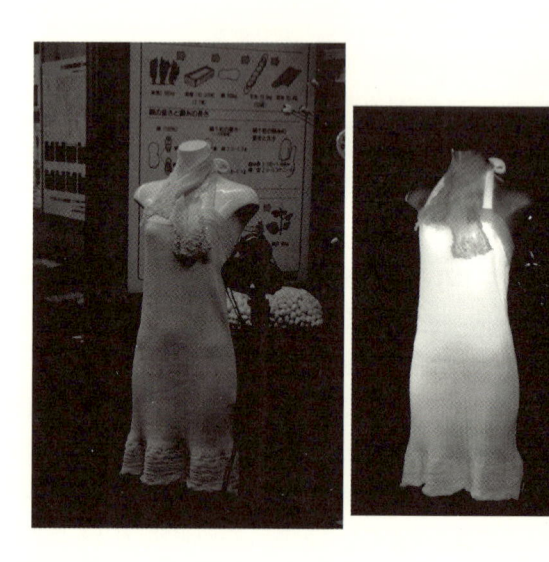

図9　蛍光シルクを用いて 2008 年に初めて試作されたニット製品
（協力：群馬県，東レ，農工大，理研，MBL）　左：通常光，右：蛍光

デルとしての利用，新規バイオセンサとしての利用などの実用化による新産業創出の試みが進められている．遺伝子組換えカイコで生産した組換えタンパク質を用いたヒトおよびイヌの血液検査薬や，ヒトコラーゲンタンパク質を用いた化粧品は，すでに 2011 年に販売が開始され，一部は養蚕農家らによる委託飼育で原料が生産されている．ヒト難病治療薬，ヒト抗体医薬品，ウシ乳房炎治療薬，各種検査薬の開発なども，徳島大学，国立医薬品食品衛生研究所，動物衛生研究所，食品総合研究所，企業などの協力によって行われている．高機能シルクの開発では，蛍光・色素シルク，超極細シルク，クモ糸シルク，細胞接着性シルク，抗菌シルクなどの開発と，大量飼育システムの構築および製品試作などが群馬県や企業各社の協力のもと，現在積極的に進められている（瀬筒，2014b）．蛍光タンパク質を融合させた蛍光シルクの開発（Iizuka et al., 2013）では，2008 年にはニットドレス（図9）など，2009 年には桂由美氏らとの連携によるウエディングドレスなど，2012 年には組換えシルクを用いた浜縮緬の着物（舞台衣装）などの試作が行われた．2014 年にはクモ糸シルクを用いた試作品も発表されている（Kuwana et al., 2014）．今後は，供給体制が整えば，組換えシルク製品の販売実現が可能となるだろう．

8．遺伝子組換えカイコの大量飼育システムの構築

遺伝子組換えカイコや組換えシルクの実用化を進める上で，それらの供給不足が大きな問題の1つである．遺伝子組換えカイコの飼育は，「遺伝子組換え生物等の使用等の規制による多様性の確保に関する法律」（通称カルタヘナ法）の規制

図10 （独）農業生物資源研究所の隔離飼育施設における，動物では国内初となる遺伝子組換えカイコの拡散防止措置をとらない利用（第一種使用）での飼育試験の様子

をクリアする必要があり，飼育可能な施設が限られる（瀬筒, 2014b）．群馬県では，県内の養蚕農家で構成された前橋遺伝子組換えカイコ飼育組合によって，県の施設を借りて数万頭レベルの受託飼育をすでに 2010 年に開始した．その後，飼育受託数は年々増加しており，2014 年には，JA 所有の稚蚕共同飼育所という年間 124 万頭のカイコの飼育ができる施設での飼育が始まり，需要増加に対応しようとしている．カイコは組換え体の逃亡や拡散の恐れがほとんど無いという管理上の利点があるため，遺伝子組換えカイコを拡散防止措置をとらずに飼育する「第一種使用」についても，動物では国内で初めて 2014 年 5 月に承認が得られ，同 7 月および 9 月に（独）農業生物資源研究所内の隔離飼育施設において試験飼育が行われ（図 10），生物多様性への影響評価（河本ら, 2014）に必要な科学的知見の集積が行われている．開放系での飼育が可能になれば，飼育コストが閉鎖系での飼育の 1/10 程度になることが見込まれ，養蚕農家での飼育の実現に近づく．第一種使用による大量生産によって組換えシルクの供給不足の問題が解決され，低コストでの製品販売が可能になることが期待される．

9. おわりに

ゲノム編集と次世代シーケンサーは，近年急速に進んだ革新的技術であり，様々な種のゲノム解読とゲノム編集が可能となり，農学も新たな時代を迎えている．ゲノム編集によってカイコの利用可能性も大きく広がっており，今後は，新しいゲノム情報やゲノム改変技術を活用して，新産業（新蚕業）の創出と拡大を加速することが期待される．また，他の昆虫などにおいても，ゲノム解析とゲノム編集が可能になり，様々な研究の進展が予測され，それらの知見を用いて新産業創出につなげることが重要となる．日本学術会議マスタープラン 2014 において，日本蚕糸学会が中心となって提案した「カイコを基盤とする昆虫新産業創出に向けた情報解析・技術開発・産業化研究の拠点形成」が採択されており（図 11），これらをもとに，産学官連携・異分野連携により，今後カイコを基盤とする昆虫新蚕業創出に向けた動きを加速することが重要であろう．

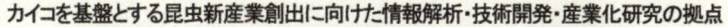

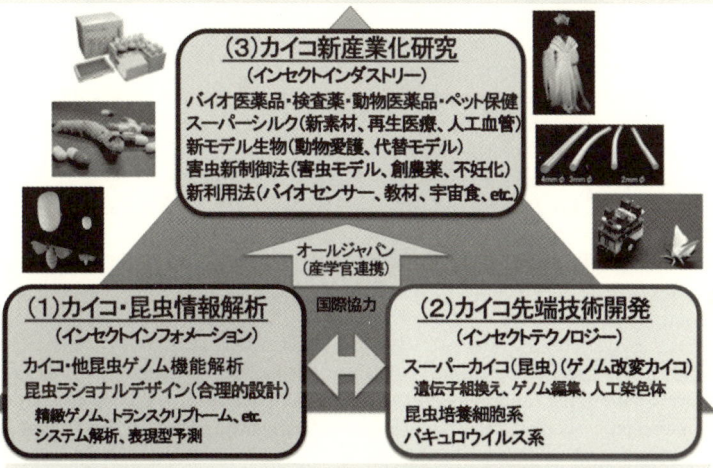

図11 カイコを基盤とする昆虫新産業創出に向けた試みの例
（日本学術会議マスタープラン 2014「カイコを基盤とする昆虫新産業創出に向けた情報解析・技術開発・産業化研究の拠点形成（計画番号 37）」改）

文献

Banno Y., T. Shimada, Z. Kajiura and H. Sezutsu 2010. The Silkworm-An Attractive BioResource Supplied by Japan. Experimental Animals, 59(2):139-46.

Daimon, T., T. Kiuchi and Y. Takasu 2014. Recent progress in genome engineering techniques in the silkworm, Bombyx mori. Development Growth and Differentiation, 56:14-25.

Hamamoto, H., M. Urai, K. Ishii, J. Yasukawa, A. Paudel, M. Murai, T. Kaji, T. Kuranaga, K. Hamase, T. Katsu, J. Su, T. Adachi, R. Uchida, H. Tomoda, M. Yamada, M. Souma, H. Kurihara, M. Inoue and K. Sekimizu 2014. Lysocin E is a new antibiotic that targets menaquinone in the bacterial membrane. Nature Chemical Biology, 11(2):127-133.

Iizuka, T., H. Sezutsu, K.I. Tatematsu, I. Kobayashi, N. Yonemura, K. Uchino, K. Nakajima, K. Kojima, C. Takabayashi, H. Machii, K. Yamada, H. Kurihara, T. Asakura, Y. Nakazawa, A. Miyawaki, S. Karasawa, H. Kobayashi, J. Yamaguchi, N. Kuwabara, T. Nakamura, K. Yoshii and T. Tamura 2013. Colored fluorescent silk made by transgenic silkworms. Advanced Functional Materials, 23(42):5232-5239.

神村学・日本典秀・葛西真治・竹内秀明・畠山正統・石橋純編 2009. 分子昆虫学, 共立出版

1—1456.
Kiuchi, T., H. Koga, M. Kawamoto, K. Shoji, H. Sakai, Y. Arai, G. Ishihara, S. Kawaoka, S. Sugano, T. Shimada, Y. Suzuki, M.G.Suzuki and S. Katsuma 2014. A single female-specific piRNA is the primary determiner of sex in the silkworm. Nature, 509(7502):633-636.
Kuwana, Y., H. Sezutsu, K. Nakajima, Y. Tamada and K. Kojima 2014. High-toughness silk produced by a transgenic silkworm expressing spider (Araneus ventricosus) dragline silk protein. PLoS One, 9(8): e105325.
河本夏雄・津田麻衣・岡田英二・飯塚哲也・桑原伸夫・瀬筒秀樹・田部井豊 2014. 遺伝子組換えカイコの飼育における生物多様性影響の評価手法の構築 蚕糸・昆虫バイオテック, 83(2):171—179.
Maeda S, Kawai T, Obinata M, Fujiwara H, Horiuchi T, Saeki Y, Sato Y, and M. Furusawa 1985. Production of human alpha-interferon in silkworm using a baculovirus vector. Nature. 315:592-4.
Matsumoto, Y., M. Ishii, K. Ishii, W. Miyaguchi, R. Horie, Y. Inagaki, H. Hamamoto, K. Tatematsu, K. Uchino, T. Tamura, H. Sezutsu and K. Sekimizu 2014. Transgenic silkworms expressing human insulin receptors for evaluation of therapeutically active insulin receptor agonists. Biochemical and Biophysical Research Communications, 455:159-164.
Nakade, S., T. Tsubota, Y. Sakane, S. Kume, N. Sakamoto, M. Obara, T. Daimon, H. Sezutsu, T. Yamamoto, T. Sakuma, and K.T. Suzuki 2014. Microhomology-mediated end-joining-dependent integration of donor DNA in cells and animals using TALENs and CRISPR/Cas9. Nature communications, 5:5560.
Osanai-Futahashi, M., T. Ohde, J. Hirata, K. Uchino, R. Futahashi, T. Tamura, T. Niimi and H. Sezutsu 2012. A visible dominant marker for insect transgenesis. Nature communications, 3:1295.
Sakurai, T., H. Mitsuno, S.S. Haupt, K. Uchino, F. Yokohari, T. Nishioka, I. Kobayashi, H. Sezutsu, T. Tamura and R. Kanzaki 2011. A single sex pheromone receptor determines chemical response specificity of sexual behavior in the silkmoth Bombyx mori. PLoS Genetics, 7(6):e1002115.
瀬筒秀樹 2014a. カイコの遺伝子組換え技術の新展開, JATAFF ジャーナル 2(7):24—30.
瀬筒秀樹 2014b. 遺伝子組換えカイコ作製技術, 高機能絹繊維の開発, 生物試料分析 37(3):188—196.
瀬筒秀樹・立松謙一郎 2014. 医療用有用タンパク質の生産を目指した組換えカイコの作製と展開, 生化学 86(5):553—560.
嶋田透 2014. カイコの遺伝資源とゲノム情報を利用した新たな研究展開, JATAFF ジャーナル 2(7):15—23.
Tamura, T., C. Thibert, C. Royer, T. Kanda, E. Abraham, M. Kamba, N. Komoto, J.L. Thomas, B. Mauchamp, G. Chavancy, P. Shirk, M. Fraser, J.C. Prudhomme and P. Couble 2000. Germline transformation of the silkworm Bombyx mori L. using a piggyBac transposon-derived vector. Nature Biotechnology, 18:81-4.
山本卓編 2014. 今すぐ始めるゲノム編集, 羊土社 1—207.
Yoda, S., J. Yamaguchi, K. Mita, K. Yamamoto, Y. Banno, T. Ando, T. Daimon and H. Fujiwara 2014. The transcription factor Apontic-like controls diverse coloration pattern in caterpillars, Nature Communications, 5:4936.

第3章
セルロースナノペーパーを用いた電子デバイスの開発

能木雅也
大阪大学産業科学研究所

1. 概　要

　現在，太陽電池や電子ブックなどの次世代エレクトロニクスの開発最前線では，「脱ガラス」と「低環境負荷プロセス技術」をキーワードに研究開発が進んでいる．セルロースナノファイバーを用いた紙（ナノペーパー）は，折り畳み性を保持したまま，ガラス並みの低熱膨張性と高透明性を有しており，「脱ガラス」のキーマテリアルとして注目を集めている．そして，印刷技術によるデバイス作製技術："プリンテッド・エレクトロニクス技術"は，電子デバイス製造プロセスにおいて「低環境負荷プロセス技術」として期待されている．そこで我々は，ナノペーパーとプリンテッド・エレクトロニクスの融合による次世代電子デバイスの開発を試みている．本稿では，電子デバイス製造プロセスにおける紙基板の現状，ナノペーパーの製造方法と特徴，プリンテッド・エレクトロニクスへの応用事例を紹介する．

2. 電子デバイス製造プロセスにおける紙基板の現状と課題

　現在の電子デバイスの製造プロセスは，300-500℃程度の加熱プロセスや過酷な化学試薬を用いた薬品処理，高真空処理などが必要である．したがって，ディスプレイや携帯電話など多くの電子機器は，ガラスやシリコン基板といった重くて剛直な基板の上に作製されている．

近年のナノマテリアル技術の進展により，インクジェット印刷機やスクリーン印刷機に適用可能な導電性ナノインクが数多く開発されている．その結果，薬品処理・高真空など複雑なプロセスが不要で，150～200℃程度と低温な製造プロセスの"プリンテッド・エレクトロニクス技術"が実現されようとしている．この技術が実現すると，新聞や雑誌を印刷するように連続的なロールトゥーロールプロセスで，電子デバイスが製造されるようになる．さらに，フレキシブルな基板を用いれば，軽くて持ち運びしやすく・しなやかで曲面といったデザイン性の高い電子デバイスが実現できる．

フレキシブル基板として，超薄板ガラス・プラスチックフィルム・紙基板が検討されている．厚み 100um 以下の薄板ガラス基板は，高耐熱性・低熱膨張性といった非常に優れた特性を持っている．しかし，割れやすくハンドリングが困難であり，さらに非常に高価である．プラスチックフィルムは，高いフレキシブル性を有し，低コストという特徴がある．しかし，プラスチックフィルムは耐熱性が低く，熱膨張率が大きい．そのため，150～200℃というプリンテッド・エレクトロニクスの加熱温度は，多くのプラスチックフィルムにとってまだ高すぎる温度である．

紙の原料であるセルロースは，250–300℃まで熱分解しない高耐熱性材料である．紙を百数十度で加熱すると茶色に変色する場合があるが，これはセルロース以外の添加物による変色であり，セルロースはその温度でほとんど変化しない．したがって，150～200℃というプリンテッド・エレクトロニクスのプロセス温度を考えると，紙は非常に有望な材料である．しかも紙は，地球上で最も豊富で持続的供給可能な資源である樹木から製造される．したがって，石油資源ベースのプラスチック基板と異なり，人類は恒久的に紙を使用し続けることができる．

このように，紙基板は優れた特徴を有するため，電子デバイスへの応用が数多く報告されている (1-9)．しかし，紙基板にも幾つかの欠点がある．その一つが「表面粗さ」である．有機太陽電池や有機 EL など次世代エレクトロニクスデバイスに用いる基板は，非常に優れた表面平滑性が求められる (10)．幅 15-50um のセルロースパルプ繊維を用いた紙基板を用いると，表面が非常に粗いため，しばしばデバイス性能が低下することが多い．さらに，紙は白色不透明であるため，

第3章 セルロースナノペーパーを用いた電子デバイスの開発　（41）

その外観によってデバイスへの用途が大きく制限されている.
　近年，植物細胞壁から幅 4-15nm のセルロースナノファイバーが得られるようになった（11,12）．セルロースナノファイバーは，植物細胞壁の基本構成要素であり，地球上最も豊富な天然資源である．さらにセルロースナノファイバーは，低熱膨張率（0.1 ppm/K）（13）・高強度（2-3 GPa）（14）・高弾性（130-150 GPa）（15）といった優れた機械的特性を持つだけでなく，耐薬品性にも優れている．2009 年，私達はセルロースナノファイバーを用いた透明フィルム：透明な紙の開発に成功した．この材料は，紙基板の優れた特徴を保ちつつ，透明性や平滑性を有している．本稿ではセルロースナノファイバーの製造方法，セルロースナノファイバーを用いた透明材料とその特徴，さらには電子デバイスへの応用事例を紹介する．

3. ナノファイバー製造方法

　セルロースナノファイバーとは，木材をはじめとする植物細胞壁の基本骨格であり，その幅はわずか 4-15nm である．樹木は階層構造を有しており，植物細胞

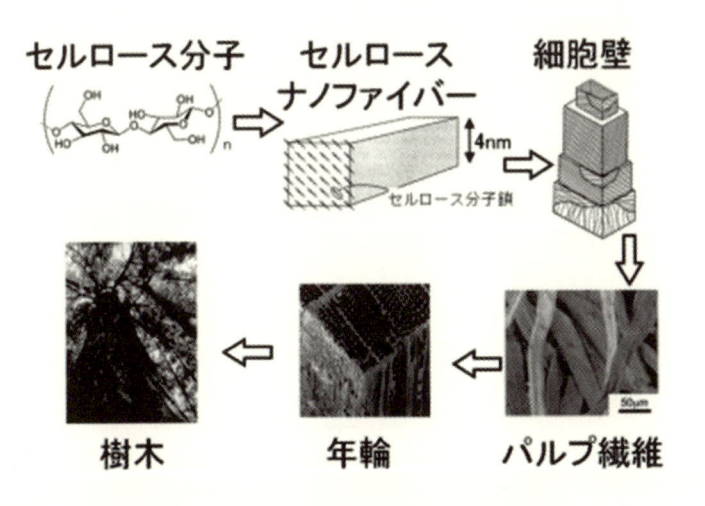

図1　セルロース分子鎖から樹木までの階層構造

壁で合成されたセルロースナノファイバーは，樹木の内部で幅数十マイクロの細胞壁・パルプ繊維を形作っている（図1）。したがって，セルロースナノファイバーを製造するためには，セルロースナノファイバーを切断・溶融することなく，効率的に植物細胞壁やパルプ繊維を解繊処理する必要がある。このセルロースナノファイバーを植物細胞壁から単離する技術は，東京大学磯貝グループのTEMPO酸化触媒で化学的処理する方法（11）や京都大学矢野グループの機械的な方法（12）により確立されている。

　東京大学磯貝グループは，パルプ繊維へTEMPO酸化触媒で化学的処理するとセルロースナノファイバー同士の相互反発力が与えられ，極めて軽微な機械的解繊処理によって幅4nmの超微細なセルロースナノファイバーが得られることを明らかにした（11, 16 図2）。この「化学処理による相互反発力の付与」という知見によって，カルボキシルメチル化処理など，数多くのセルロースパルプ化学処理が提案されている。さらに，エビやカニなど甲殻類外皮を構成するキチンナノファイバーも酸性条件下では相互反発力が生じるため，軽微な機械的解繊処理によってキチンナノファイバーが得られる（17, 18）。

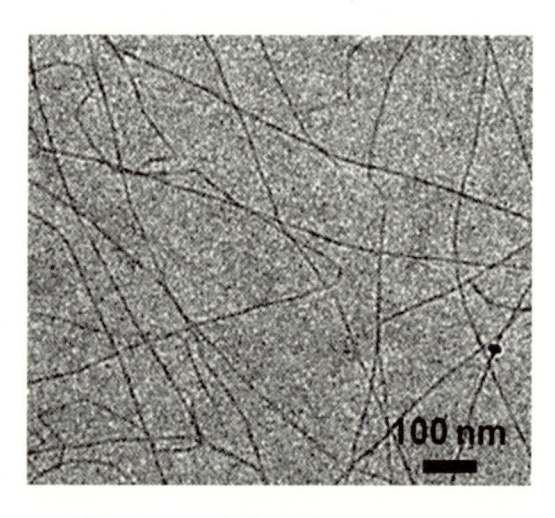

図2　TEMPO酸化処理によって解繊した幅4nmのセルロースナノファイバー
（東大農　齋藤継之准教授　提供）

京都大学矢野グループが開発した方法は，湿潤状態の木材パルプ繊維へ機械的な解繊処理を行う方法である(12)．この解繊方法では，幅 15nm のセルロースナノファイバーが得られる（図3）．この際，解繊処理方法や処理装置の種類はあまり重要ではない．最も重要な点は，木材細胞壁からリグニンは完全に除去し，ヘミセルロースは残存させた状態で機械的な解繊処理することである．一方，ヘミセルロースの過度な除去や解繊処理前に精製パルプを乾燥させることは，パルプ繊維の角質化を引き起こし，機械的な解繊処理を施しても，幅 15nm のセルロースナノファイバーが得られにくくなる(19)．

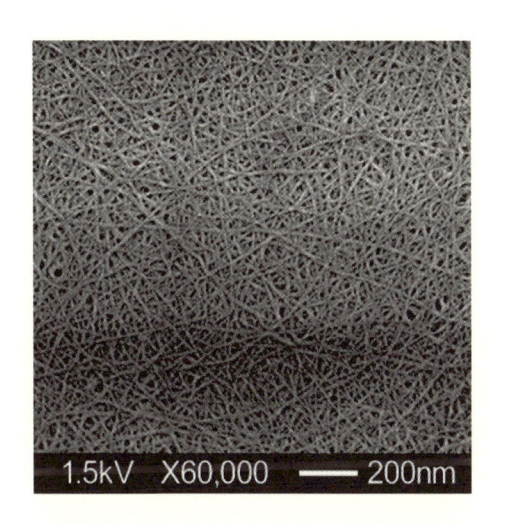

図3 セルロースナノファイバー複合透明材料

4. セルロースナノファイバー透明複合材料

セルロースナノファイバーを用いた透明材料は，これまで 2 種類，開発されている．一つは，透明プラスチックとセルロースナノファイバーを複合化した透明複合材料である（図4, 20-22）．この透明材料は，プラスチックとセルロースの屈折率を大まかに一致させるだけで，高い透明性を示す(22)．もう一つは，セルロースナノファイバーだけでつくられた，透明なナノファイバーペーパー（透明ナノペーパー，透明な紙）である（図 5, 23-25）．上述した化学変成処理，機械的解繊処理ナノファイバーのどちらを用いても，プラスチック複合透明材料と透明ナノペーパーいずれも作製可能である．本稿においては，機械的解繊処理から得たセルロースナノファイバーを用いた透明ナノペーパーに関して詳しく紹介する．

図4 機械的処理によって解繊した幅15nmのセルロースナノファイバー（京大生存研　阿部賢太郎准教授　提供(20)

図5 折り畳み可能な低熱膨張性の透明ナノペーパー(23)

5. 透明な紙：ナノペーパー

5.1　白い紙と透明な紙　(23)

　21世紀になり，紙は，セルロースナノファイバーによって再発明された．3世紀頃の中国で発明されて以来，紙は白色不透明であったが，セルロースナノファイバーを用いた紙（ナノペーパー）は高い透明性を示す（図6）．さらに，軽量・高耐熱性・折り畳み可能といった紙本来の特徴も保持しながら，ガラス並みの低熱膨張性も有する．本節では，紙が「白い」理由とナノペーパーが「透明」な理由について簡単に紹介する．

第3章 セルロースナノペーパーを用いた電子デバイスの開発　（ 45 ）

　私達が日常使用している「白い紙」は，木材から非セルロース成分を取り除いた幅 15-50μm のパルプ繊維からつくられる．パルプ繊維と水の懸濁液を乾かすと，パルプ繊維は毛管凝集力でお互いに凝集する．そして，パルプ繊維表面の水酸基によって繊維同士が強固に水素結合するため，接着剤などを使用しなくてもフィルム状に紙が形作られる．幅 15-50um のパルプ繊維同士が凝集すると，繊維間に数ミクロンオーダーの隙間が生じる（図6右上）．この空隙は湿気や空気を適度に透過するだけでなく太陽光も散乱するため，紙の外観は「白く」なる．
　それでは，繊維径を 1/1,000 以下までダウンサイズしたセルロースナノファイバーを用いて同じように紙を製造すると，どのような紙ができあがるであろうか？セルロースナノファイバー水懸濁液を乾燥させると，ナノファイバー同士が毛管凝集力でお互いに凝集し，水素結合によって繊維同士がお互いに固定化される．その際，非常に細いナノファイバーはその比表面積が非常に大きいため，無数の水素結合が生じる．さらに，その繊維径も非常に細いため，毛管凝集力や水素結合によって，ナノファイバーは簡単に変形され，より緻密に凝集される．その結果，ナノペーパーでは，繊維同士の隙間が確認できないほど小さくなり（図6左上），太陽光を乱反射することなく高い透明性を示す（図6左）．

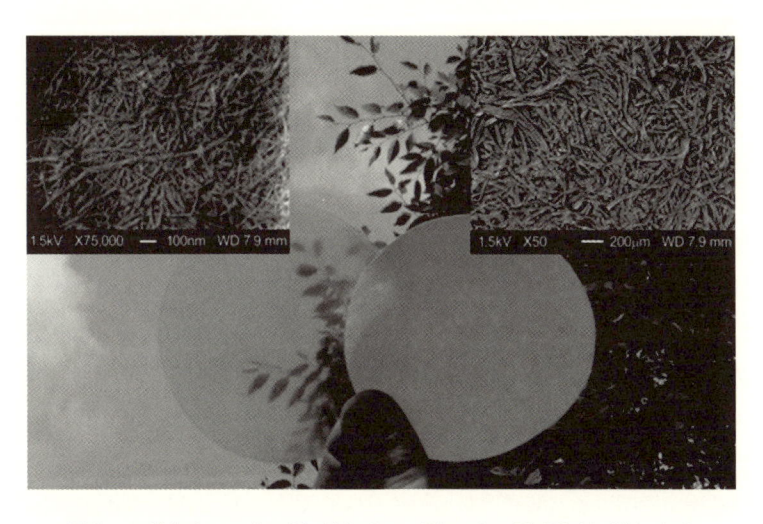

図6　20世紀までの白い紙（左）と21世紀からの透明な紙（右）(23)

セルロースナノファイバーを用いた紙は，繊維間の空隙が可視光領域の波長（約 400-800nm）よりも十分小さいため，外観が透明になる．したがって，TEMPO 酸化処理によって解繊した幅 4nm のセルロースナノファイバーからも，同じように透明なフィルムが得られる(26)．

5.2 ナノペーパーの透明性 (25)

接着剤や母材プラスチックを含まないナノペーパーは，セルロースナノファイバーのみで作製されている．このナノペーパー（厚み 20um）は，波長 400-800nm で全光線透過率 90.1%と非常に高い透明性を示した（図 7）．本節では，透明材料の理論透過率と比較しながら，透明性に関して詳しく紹介する．

一般的に，光が透明な媒体に入射する際，空気との屈折率差に応じて表面反射（フレネル反射）が生じる．物体内部で全く光吸収しない理想的な透明物体でも，表面反射による透過率ロスが生じ，その全光線透過率は 100%には届かない．その理論的な全光線透過率は，空気の屈折率（1.0）と透明材料の屈折率から算出できる．セルロースの屈折率を 1.58 とすると，式 1 よりフレネル反射は 5.1%である．フィルム両面での多重フレネル反射（式 2）を考慮してナノペーパーの全光線透過率理論値を導くと 90.1%である．

$$R = \frac{(n_m - n_a)^2}{(n_m + n_a)^2} \qquad (1)$$

$$T(\%) = [1 - R]^2 \times 100 \qquad (2)$$

（R：表面反射，T：多重表面反射を考慮した理論全光線透過率（%），n_m：透明媒体の屈折率，n_a：空気の屈折率）

上述したように，透明ナノペーパーの全光線透過率実測値は 90.1%であった．すなわち，この透明ナノペーパーは，シート内部で全く光吸収せず，その透過率ロスは，空気との屈折率差によって生じる表面反射のみであることが明らかになった．

光吸収しない透明な物体も，光散乱によって透明性が低くなる．その光散乱は，全光線透過率における拡散透過率の割合"ヘイズ"という指標で評価される．ヘイズは，白濁した透明材料ほど大きくなり，ガラスのようなクリアな透明材料で

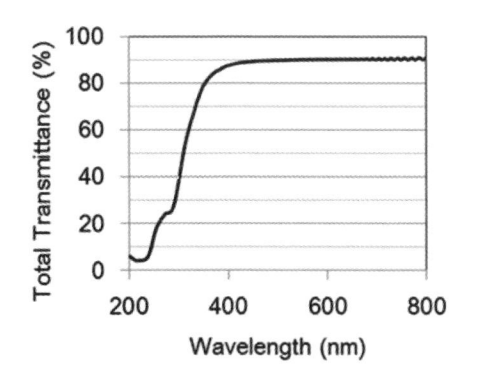

図7 透明ナノペーパーの全光線透過率スペクトル

図8 極めて高い透明性を示す透明ナノペーパー

は0%である.この透明ナノペーパーのヘイズは4.1%であった.このヘイズ値は透明材料としては十分小さく,例えば,市販 PET フィルムのヘイズは4.5%である(厚み100um,全光線透過率89.0%).そして,最新の研究成果においては,ヘイズ1%を下回る高透明ナノペーパーの開発にも成功している(図8).

5.3 ナノペーパーの機械的特性

　セルロースは剛直な高結晶性ポリマーである.したがって,セロハンなどのセルロース系プラスチックは,汎用プラスチックよりも優れた機械的特性を示す.そして,ナノペーパーは,セルロース系プラスチックよりも優れた機械的特性を示す.その理由は2つある.まず一つは,セルロースナノファイバー自身が,低熱膨張率(0.1 ppm/K)(13)・高強度(2-3 GPa)(14)・高弾性(130-150 GPa)(15)という機械的特性を有し,さらにナノペーパーにおいてセルロースナノフ

ァイバーが緻密なネットワーク構造を形成しているからである．したがってナノペーパーは，セルロースナノファイバーが高密度に凝集した材料なので，弾性率13GPa・引張り強度223MPa・熱膨張率5-10ppm/Kと非常に優れた機械的特性を示す（23）．セルロース系プラスチックがナノペーパーよりも機械的特性が若干劣る理由は，セルロース原料を溶融・成形して製造するため，セルロースナノファイバーが消失しネットワーク構造が存在しないためである．なお，TEMPO酸化処理によって得られた幅 4nm のセルロースナノファイバーシートにおける機械的特性は，機械的解繊処理した透明ナノペーパーと概ね同じである．その詳細な性能は，FukuzumiやIsogaiらの論文・総説において詳細に紹介してある（16, 26）．

5.4 ナノペーパーの耐熱性 （25，27）

フレキシブルフィルムを電子デバイス用透明基板として利用するには，その上に導電性パターンを作製する必要がある．近年のプリンテッド・エレクトロニク

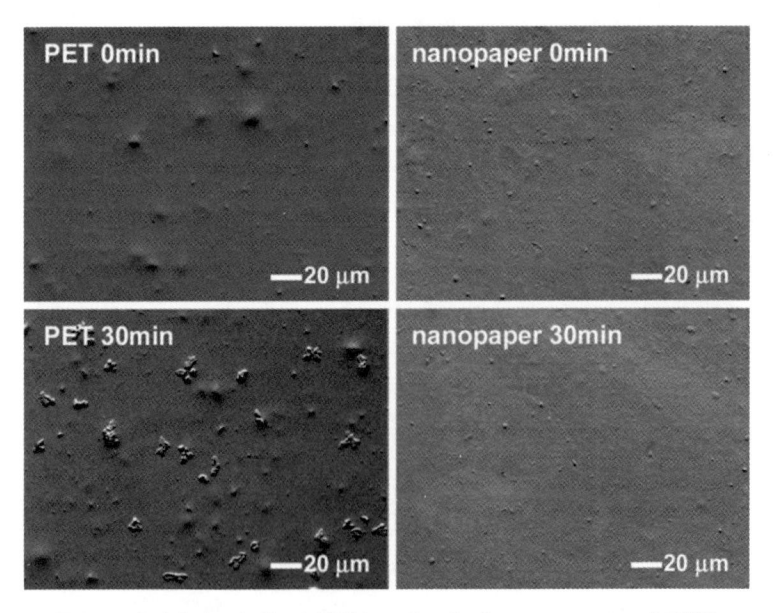

図9　150℃大気中で加熱した透明ナノペーパーとPETフィルムの表面観察

第3章　セルロースナノペーパーを用いた電子デバイスの開発

ス技術の進歩により，そのプロセス温度は150～200℃まで低下してきた．したがって，連続的なロールトゥーロールプロセスを実現するためには，150℃で加熱しても高透明性・平滑性を保持するフレキシブルな透明基板が必要とされている．本節では，プリンテッド・エレクトロニクスの観点から眺めたナノペーパーの耐熱性を紹介する．

　多くのプラスチックは150℃以上で加熱すると変形・黄変する．一方，紙は耐熱性の低い材料と誤解されがちであるが，実は非常に耐熱性の高い材料である．確かに，光沢紙や写真紙などは加熱するとすぐに変色するが，それはこれらの紙の表面をコーティングしている各種ポリマー材料が黄変しているのである．紙の主成分であるセルロースは，300℃付近にガラス転移温度・熱分解開始温度が存在する（窒素ガス雰囲気下）．したがって，表面コーティングしていないナノペーパーや濾紙・画用紙などのパルプ紙は，大気中・200℃程度で加熱しても黄変しない．

　より詳細な検討として，透明プラスチックとの比較を行った．PETフィルムは高フレキシブル性・高透明性・低コストなど優れた特徴を有するため，プリンテッド・エレクトロニクスにおいて最も有望視されている基板である．耐熱性向上処理を行っていない無垢なPETフィルムを大気中で150℃120分加熱すると，シクロオリゴマーがフィルム表面に析出し，フィルム表面が凸凹になる（図9）．その結果，加熱後にPETフィルムのヘイズ値は大幅に増加する（図10）．透明ナノペーパーはセルロースナノファイバーだけでできており，それ以外に何も添加物を含んでいない．そのため150℃で120分加熱しても，透明ナノペーパーの表面は非常に平滑なままであり（図9），透明ナノペーパーのヘイズ値は

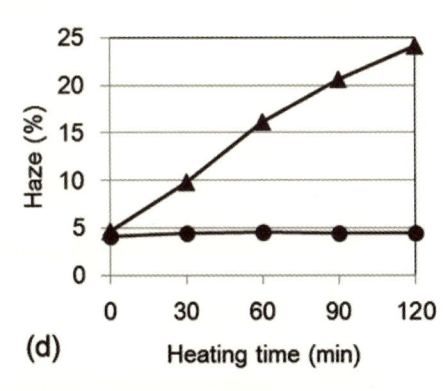

図10　150℃大気中で加熱したナノペーパー（●）とPETフィルム（▲）のヘイズ値変化

4.1-4.5%を保持し（図10），高い透明性を保持していた．そして，当然ながら，加熱した透明ナノペーパーの全光線透過率は約 90.1%で一定であった．すなわち，透明ナノペーパーは，プリンテッド・エレクトロニクスにおいて，有望なフレキシブル透明基板といえる．

6. 電子デバイスへの応用

　私達はプリンテッド・エレクトロニクスの実現をめざし，紙ベース電子デバイスの開発に取り組んでいる．これまでに，印刷技術を用いた高導電性配線，折り畳み可能な配線，高感度ペーパーアンテナ，ペーパー透明導電膜，高誘電率ナノペーパー基板，不揮発性ペーパーメモリ，ペーパートランジスタなどの開発に成功している．本節では，それらの成果を簡単に紹介する．

6.1　金属ナノインクを印刷した高導電性ラインの開発 (27, 31)

　電子デバイスを製造するためには，半導体やメモリ，トランジスタなど各種電子部品を微細な電気配線で電気的に接続する必要がある．したがって，フレキシブル基板のうえに微細な高導電性配線を印刷する技術は，プリンテッド・エレクトロニクスの実現に向けて非常に重要な課題である．これまで私達は，印刷インクの溶媒蒸発プロセスに着目し配線の導電性発現メカニズム明らかにし(28)，プラスチックフィルムに高導電性配線を印刷するために，撥液ポーラスタイプ(29)と溶媒吸収タイプ (30) の受理層の開発を行った．これら知見から，セルロースナノファイバーの緻密なネットワーク構造が，微細な高導電性配線の実現に寄与することを明らかになった．

　幅 15-50um のパルプ繊維を用いた従来の白い紙は，パルプ繊維同士の間に数um オーダーの隙間があるため，微細な導電性ナノマテリアル（例えば，直径 50nm 以下の銀ナノ粒子インク）を印刷すると，導電性ナノマテリアルはインク溶媒と共にその空隙へと流れ込む．その結果，印刷ラインは著しく滲み，導電性も極めて低くなる．

　ナノペーパーは，セルロースナノファイバー同士が緻密に凝集したネットワーク構造を有している．そのため，印刷した導電性ナノマテリアルはシート表面に

留まり，印刷ラインは非常にシャープな形状を示す．また，ナノペーパーは高耐熱性を有するため，金属ナノインクに十分な加熱処理を施すことができ，ナノペーパー印刷ラインは金属バルクに匹敵する高導電性を示した．その結果，金属ナノ粒子や金属塩インクの印刷，スパッタ処理などで，ナノペーパーのうえに LED ライトを点灯する電気配線を形成することができた（図11）．さらに，このナノペーパー印刷配線を高温高湿雰囲気下（85℃/RH85％）に 1～2 ヶ月晒しても，その導電性は全く低下しない．この試験条件は，電子デバイス部品の信頼性評価に用いられる条件であるため，ナノペーパー印刷配線は，電子デバイスに十分適用可能であることが明らかになった．

図11　ナノペーパーに印刷した導電性配線と点灯する LED ライト(27)

6.2 折り畳めるナノペーパーアンテナ (32)

折り畳み可能なアンテナは，電子デバイスの小型化と携帯性の向上に向けて必須技術である．そこで私達は，印刷可能な銀ナノワイヤインクを開発し，折り畳み可能な高感度ペーパーアンテナを開発した．

銀ナノワイヤは，印刷可能なフレキシブル配線材料として注目を集めている（9, 10）．しかし，銀ナノワイヤとプラスチックフィルムは密着性に乏しいため，折り畳むと銀ナノワイヤ配線がプラスチックフィルムから剥離し，破壊されて導電性が失われる．そのため，折り畳み可能な導電性配線はこれまで実現されていなかった．一方，銀ナノワイヤはセルロースナノファイバーと親和性が高いため，ナノペーパーへ印刷した銀ナノワイヤ配線は折り畳んでも高い導電性を保持する．この特徴を利用すると，銀ナノワイヤを印刷塗布したナノペーパーを複雑に折り畳んでも，LED ライトは点灯し続ける（図12）．

図12 LEDライトを点灯する導電性折り鶴．（左）銀ナノワイヤを塗布したナノペーパー折り鶴，（右）銀ナノワイヤを塗布した紙折り鶴（パルプ繊維を使用）．(32)

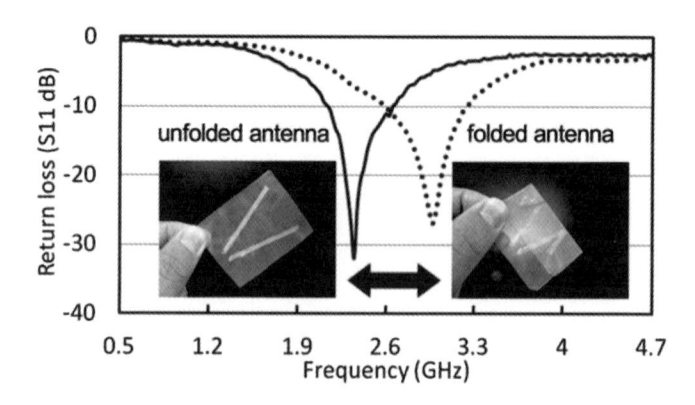

図13 折り畳んで共振周波数を調整できる銀ナノワイヤ・ナノペーパーアンテナ(32)

　また，ナノペーパーは表面平滑性に優れているため，アンテナ配線用基板としても利用できる．ナノペーパーに印刷した銀ナノワイヤ配線は，プラスチック基板へ印刷したものよりも優れたアンテナ特性を示し，折り畳んでもアンテナ特性はほとんど低下しなかった．従来のアンテナは，アンテナ配線以外のコンデンサやコイルといった付属部品を使って，共振周波数を調整している．ナノペーパーアンテナは，それらの付属部品を使うことなく，折り畳むだけで幅広い周波数で共振点を調整できる（図13）．

6.3 電気の流れる透明な紙（33）

前節までは，ナノペーパーに高濃度な銀ナノ粒子や銀ナノワイヤインクを印刷し，導電性の金属配線を作製していた．一方，銀ナノワイヤやカーボンナノチューブなど非常に細い導電性ナノマテリアルはインク濃度を低濃度に希釈して透明基板へ塗布すると，基板の透明性を保持したまま導電性を付与できる（32）．このような透明かつ導電性を有する基板は透明導電膜と呼ばれる．透明導電膜は，金属酸化物とガラスを用いた ITO ガラスが既に実用化されており，タッチパネル・ディスプレイ・太陽電池など様々な電子デバイスに利用されている．しかし ITO ガラスは重く脆いため，次世代の軽量フレキシブルデバイスには適用不可能であり，軽量・フレキシブルな透明かつ電気の流れる基板材料の開発が急務となっている．そこで私達は，銀ナノワイヤやカーボンナノチューブなどの導電性ナノマテリアル水懸濁液を透明な紙で濾過して，電気の流れる透明な紙を作製した（図14）．

透明な紙を濾紙または透明なフレキシブル基板として利用すると，透明な紙のうえに均一なネットワーク構造が形成される．従来は，例えば PET フィルムのうえに銀ナノワイヤ懸濁液を塗布・乾燥して透明導電膜を作製する．このように作製した銀ナノワイヤ透明導電膜は，乾燥中に銀ナノワイヤが凝集して不均一な膜となる．一方，透明な紙での銀ナノワイヤを濾過すると，銀ナノワイヤ懸濁液が

図14 透明ナノペーパー（左）とカーボンナノチューブを塗布した導電性透明ナノペーパー（中央），銀ナノワイヤを塗布した導電性透明ナノペーパー（右）

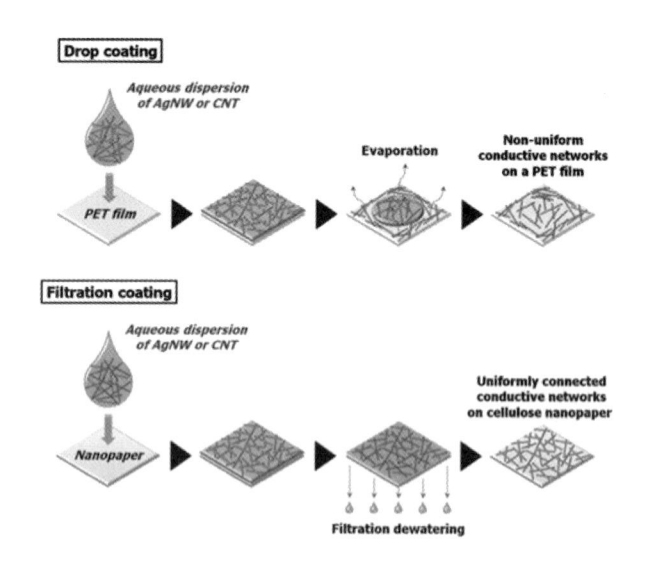

図15 銀ナノワイヤ塗布によるプラスチック基板へ透明導電膜を作製する方法（上）と，私達が開発した銀ナノワイヤ濾過による透明ナノペーパーへ透明導電膜を作製する方法（下）

ナノペーパーの微細な隙間から濾過・排水されるため，乾燥後にとても均一な膜となる（図15）．この均一なネットワーク構造のおかげで，銀ナノワイヤを濾過した透明な紙は透過率88%・シート抵抗12Ω/□を示し，この値はPETフィルムに銀ナノワイヤを塗布したものよりも75倍以上高い導電性であった．さらに導電性ナノマテリアルは，透明な紙の表面に埋め込まれているため，強い密着性を示した．したがって，この電気の流れる透明な紙は曲げやスクラッチにも強く，未来のペーパーエレクトロニクスにおいて重要な材料となると期待される．

6.4 高誘電率ナノペーパー基板 (34)

誘電率が高い絶縁性基板は，トランジスタ・コンデンサなどデバイス部品の小型化・薄膜化において重要な電子部品であり，さらにリーク電流を大幅に削減することが可能であるため電子デバイスの消費電力を小さくできる．そこで，私達はナノペーパーを用いて，高誘電率絶縁性材料の開発に取り組んだ．

セルロースは比誘電率の大きな材料であるため，セルロースナノファイバーを

緻密・高密度化して，基板内部の空隙を減らしていくと，その比誘電率は3前後から5～6まで向上する．この値は，ポリイミドやPETフィルムといったエンジニアプラスチック（k=2～4）よりも優れているが，ポリフッ化ビニリデン（k=8～9）など高誘電率ポリマーより劣る．また，高誘電率フィラーとして知られているチタン酸バリウムをセルロースナノペーパーへ大量に添加しても，比誘電率はそれほど増加しなかった（k=7～8）．

最新の研究成果によると，金属ナノ粒子などの高導電性フィラーを少量添加すると，パーコレーションメカニズムに基づき比誘電率が大幅に増加されることが明らかになりつつある．そこで私達は，高導電性・高アスペクト比材料である銀ナノワイヤに着目し，銀ナノワイヤ複合セルロースナノペーパーを開発した．

ナノペーパーに銀ナノワイヤを僅か2.54vol%添加するだけで，その材料は比誘電率 k=727 と圧倒的に高い値を示した．さらに，添加量が非常に少ないため，銀ナノワイヤ複合ナノペーパーははさみで切ることもでき，折り紙のように折り畳むことも可能である（図16）．銀ナノワイヤ複合ナノペーパーを基板としたアンテナデバイスでは，銀ナノワイヤを含まないセルロースナノペーパー基板アンテナデバイスと比較し，アンテナ配線の長さを半分に短縮しても，同じ周波数の電波信号をロス無く送受信できた．すなわち，アンテナ基板の高誘電率化によって，アンテナ部品の小型に成功した．以上の結果より，銀ナノワイヤならびにセルロースナノファイバー材料は，新たな高誘電率絶縁材料であり，これからのデバイス部品の小型化にむけてキーマテリアルとなることが明らかとなった．

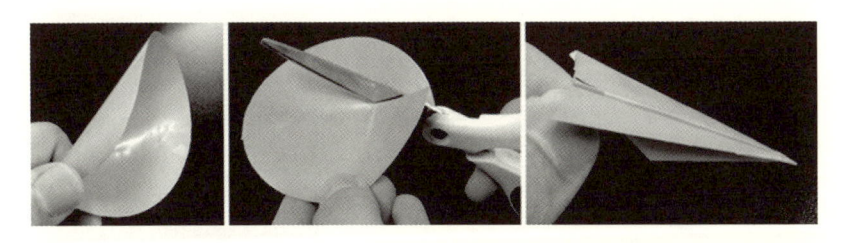

図16 セルロースナノファイバーと銀ナノワイヤを複合化したフレキシブル高誘電率絶縁材料．はさみで切って，折り畳むことも可能．

6.5 記憶する紙 (35)

多くの電子デバイスは半導体メモリが実装されており，半導体メモリにおいても小型化・省エネ化が求められている．そのため，電源を切っても記憶を保持し続ける不揮発性メモリの開発が進んでおり，USB などのフラッシュメモリが既に多くの電子デバイスに実装されている．一方で，フラッシュメモリはその構造が複雑であるため高密度化の限界が指摘されている．そこで，電圧の印加による電気抵抗の変化を利用した抵抗変化型メモリ（ReRAM，メモリスタ）が次世代の不揮発性メモリとして注目を集めている．電気抵抗変化記憶メモリは，その構造が「金属電極－絶縁層－金属電極」と非常に単純であり，ナノ秒で素早い読み書きが可能，消費電力が小さいなどの特徴がある．

このような状況において，電気抵抗変化記憶メモリは世界中で活発に研究開発が進められている．なかでも，持ち運びしやすいフレキシブルエレクトロニクスの実現において必要な回路部品である「柔軟な不揮発性メモリ」は，多くの研究者が挑戦し続けているトピックである．しかし柔軟な不揮発性メモリの開発は非常に難しく，数センチ以下まで曲げるとメモリ特性が大幅に低下してしまうのが現状である．そこで私達は，銀ナノ粒子複合セルロースナノペーパーを用いた「記憶する紙」を開発した（図18）．この記憶する紙は，曲げ半径 0.3mm 以下まで折り畳めるフレキシブルな不揮発性抵抗変化メモリである．そして，6桁のオンオフ抵抗比・小さなスイッチング電圧分布など非常に安定した不揮発性メモリ特性を示した．

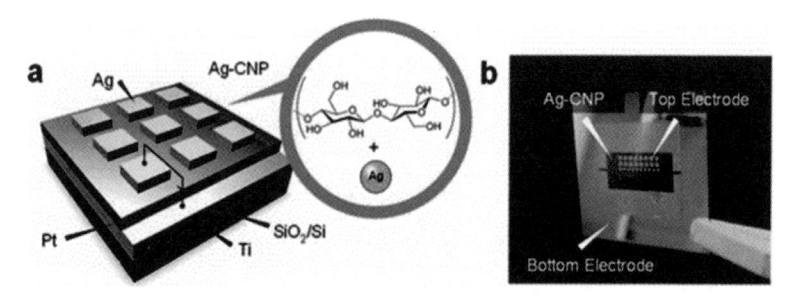

図17 不揮発性ペーパーメモリの構成図 (a) とその外観 (b)

6.6 ペーパートランジスタ (36)

　私達は，薄くて透明なナノペーパーを基板として，高移動度な有機薄膜ペーパートランジスタアレイの試作に世界で初めて成功した（図18）．

　薄膜トランジスタ（Thin Film Transistor：TFT）は，主に液晶ディスプレイなどの画素スイッチとして用いられ，多結晶シリコンやアモルファスシリコンなどシリコン系半導体材料が主に使用されている．これらのシリコン系 TFT は非常に高い性能を示すが，400～600℃での熱処理が必要であり，大面積・フレキシブルデバイスへの適用が非常に難しいといった課題がある．一方，有機 TFT は，シリコン系 TFT よりも柔らかく塗布による低温での製造プロセスが可能であり，そのため，大面積でフレキシブルなデバイスがより安価に作製可能になると期待されている．しかし，有機 TFT の搭載プロセス温度はガラス基板を想定したものであり，現時点では，耐熱性の低いプラスチック基板へ適用することが難しい．したがって，プラスチックなどのフレキシブル基板へ搭載した有機 TFT は，低温プロセスと引き替えにトランジスタ性能が低下することが多い．

　しかし，天然木材セルロースナノファイバーからなるナノペーパーは，高耐熱性（180℃以上）・高耐薬品性・低熱膨張率（5-10ppm/K）といった優れた性能を有する．したがって，リソグラフィと溶液プロセスを組み合わせ，ショートチャンネル・ボトムコンタクト OTFT をナノペーパーへ搭載することが可能になった．さらに，ナノペーパーはその表面が非常に平滑であるため，ナノペーパーに溶液塗布した有機半導体薄膜は 50-100um という非常に大きな結晶ドメインを形成した．その結果，試作した TFT は，大気雰囲気下で最大 1cm^2/Vs の高いホール移動度と 0.1V 以下の小さなヒステリシスを示した．

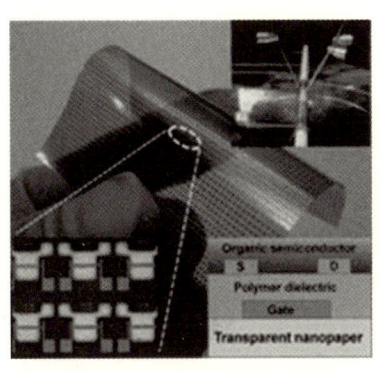

図18　ナノペーパー有機トランジスタアレイ

7. まとめ

　本稿では，プリンテッド・エレクトロニクスの実現に向けた背景と課題に関して，セルロースナノファイバーシート（ナノペーパー）を中心に紹介した．紙は高耐熱性・折り畳み性・軽量・低環境負荷といった特徴を有しているため，これまでの数多くの電子デバイスの試作が行われてきた．しかし，従来の紙は，マイクロサイズのパルプ繊維を用いているため，表面が粗く，白色不透明であるという課題があった．そこで，パルプ繊維をナノサイズまで解繊したセルロースナノファイバーを用い，ナノペーパーという新たな紙を開発した．この材料は，地球上で最も豊富なバイオマスである植物資源を原料としており，その製造プロセスもこれまでの製紙プロセスとほぼ同じである．さらに，このナノペーパーは，ガラスのように高透明・低熱膨張性でありながら，紙のように折り畳める．

　本稿では，植物細胞壁からセルロースナノファイバーを取り出す方法，ナノペーパーが透明になる理由，ナノペーパーの機械的特性・耐熱性を紹介した．これらの技術によって作製したナノペーパーは，高透明性・低熱膨張性・高強度・高弾性・高耐熱性・高耐試薬性・高平滑性などを有しながら，折り畳み可能である．透明基板材料として，ガラスやポリマー基板などが挙げられるが，これらのすべての特徴を有した材料は，セルロースナノファイバーシート：ナノペーパーだけである．

　さらに最近の研究成果より，透明ナノペーパーの電子デバイス応用事例も紹介した．ナノペーパーへ導電性材料を印刷すると，電子回路やアンテナ配線が作成できる．アンテナを印刷したペーパーアンテナは，既存のアンテナよりも高感度であるため，画像や動画といった大容量のデジタル情報を素早く送受信できる．さらに，ナノペーパー技術とプリンテッド・エレクトロニクスの融合を進め，折り畳み可能な配線，ペーパー透明導電膜，高誘電率ナノペーパー基板，不揮発性ペーパーメモリ，ペーパートランジスタなどの開発にも成功している．ナノペーパーの原料は樹木であり，印刷実装技術は低エネルギー技術である．したがって，ペーパーエレクトロニクスは，低消費エネルギー・クリーン低炭素社会の実現に大きく貢献すると期待される．

引用文献

1) P. Andersson et al. Advanced Materials 14 (2002) 1460-1464
2) D. Nilsson et al. Advanced Materials 17 (2005) 353-358
3) Berggren et al. Nature Materials 6 (2007) 3-5
4) A. C. Siegel et al. Lab on a Chip 9 (2009) 2775-2781
5) B. Yoon et al. Adv. Mater., 23 (2011) 5492-5497
6) M. C. Barr et al. Adv. Mater. 23 (2011) 3500-3505
7) L. Russo et al. Adv. Mater 23 (2011) 3426-3430
8) C. Yang et al. Adv. Func. Mater. 21 (2011) 4582-4588
9) C. Yang et al. Adv. Mater. 23 (2011) 3052-3056
10) T. Tokuno et al., Nano Research, 4 (2011) 1215-1222
11) T. Saito et al. Biomacromolecules, 7, 1687 (2006)
12) K. Abe et al. Biomacromolecules 8, 3276 (2007)
13) T. Nishino et al. Macromolecules 37(2004) 7683-7687
14) T. Saito et al., Biomacromolecules 14(2013) 248-253
15) S. Iwamoto et al., Biomacromolecules 10 (2009) 2571-2576
16) A. Isogai et al. Nanoscale (2011) 3 71-85
17) Fan et al. Biomacromolecules 9, 1919-1923 (2008)
18) S. Ifuku et al. Carbohydrate Polymers 81 (2010) 134-139
19) S. Iwamoto et al., Biomacromolecules 9(2008) 1022-1026
20) H. Yano et al. Adv. Mater. 17, 153 (2005)
21) M. Nogi et al. Adv. Mater. 20, 1849 (2008)
22) M. Nogi et al. Appl. Phys. Lett. 87, 243110 (2005)
23) M. Nogi et al. Adv. Mater. 21,1595 (2009)
24) M. Nogi et al. Applied Physics Letters 94, 233117 (2009)
25) M. Nogi et al. Applied Physics Letters 102, 181911 (2013)
26) H. Fukuzumi et al. Biomacromolecules 10, 162 (2009)
27) M. Hsieh et al. Nanoscale, 5 (2013) 9289-9295
28) C. Kim et al., Journal of Micromechanics and Microengineering, 22 (2012) 035016
29) C. Kim et al., ACS Applied Materials & Interfaces, 4 (2012) 2168-2173
30) C. Kim et al. RSC Advances 2 (2012) 8447-8451
31) Thi Thi Nge et al., Journal of Materials Chemistry C 1 (2013) 5235-5243
32) M. Nogi et al., Nanoscale 5 (2013) 4395-4399
33) H. Koga et al. NPG Asia Materials 6 (2014) e93
34) T. Inui et al. Adv. Mater. in printing
35) K. Nagashima et al. Scientific Reports (2014) 4, 5532
36) Y. Fujisaki et al. Adv. Fun. Mater. 24 (2014) 1657-1663

第4章
光の指紋で食品の安全を守る！
－ビッグデータの可視化による農産物・食品の危害要因検知－

杉山純一
(独) 農研機構 食品総合研究所 食品工学研究領域 計測情報工学ユニット

1. 蛍光指紋とは

　蛍光指紋の説明をする前に，まず既存の蛍光という現象を説明する．通常，蛍光とは，図1（左）に示すように，ある特定波長成分だけからなる光（励起光）を試料に照射し，それによって生じる様々な波長の光（蛍光スペクトル）のことを指す．日常では，蛍光灯の白色光は，蛍光管の内側から目に見えない短波長の光が蛍光管内側に塗られた蛍光体に照射され，白色光を生じる蛍光現象である．また，よく遊園地のお化け屋敷などの暗闇で，ブラックライトという，これも目に見えない光が白いYシャツにあたると，青白く光ってみえるのも，洗剤やシャツ等に含まれるリン（P）による蛍光現象である．そして，このような蛍光現象を利用して，様々な化学成分の判別・定量を行うのが蛍光分析法である．しかし，この場合は，刺激（特定の励起波長）が1種類，それに対する応答（蛍光スペクトル）が1本というひと組の刺激と応答の情報を解析することになる．しかしながら，情報は多ければ多いほど，その中に含まれる有用な情報が抽出できる可能性が高い．そこで，情報量を多くすることを考える．それには，刺激を複数にし（つまり，複数の励起波長を順次走査して照射），それに対する応答（蛍光スペクトル）も複数本，得られれば，図1（右）のような3次元の膨大な情報が得られる．この3次元データを上から見れば，等高線図のようなパターンが観察される．こ

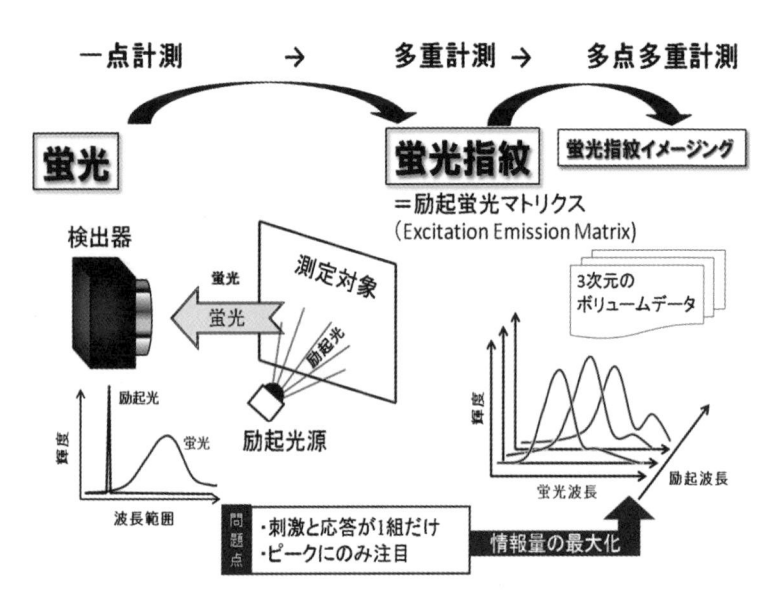

図1 蛍光から蛍光指紋,蛍光指紋イメージングへ

のパターンは,その試料特有の蛍光特性が全て表現されたものと考えられ,蛍光指紋(Fluorescence Fingerprint),または励起蛍光マトリクス(Excitation Emission Matrix)と呼ばれ,本稿が主題とする「光の指紋」である.

また,従来の蛍光は主に輝度値がピークの情報のみを解析することが多かった.確かに単一の際立った蛍光成分が目的ならそれで済むが,最近のセンサ技術は飛躍的に向上し,目に見えるような強い光の情報だけでなく,僅かなエネルギー収支による様々な反応もデジタル量でとらえることができる.すなわち,蛍光スペクトル上の微小な凹凸,ショルダや,さらに蛍光のない低レベルでも拡大すればなんらかの情報が確認できる.そこで,解析対象を,ピークだけに限定せず,全ての領域を平等に取扱いながら,必要な情報のみをうまく抽出するモデルを構築すること,すなわちデータマイニングは,昨今のコンピュータ技術が得意とするところである.

図2は,ローダミンという蛍光色素の蛍光指紋の一例である.従来の蛍光スペ

クトルは，この3次元のグラフのピーク点を通過する一断面だけにしか注目していなかったのに対して，蛍光指紋は，一番高いピークだけでなく，指紋パターンを構成する全ての輝度値をデータとして扱うことから，いかに情報量が多いかがわかる．また，このパターン自体は物質固有のものであることから，様々な判別・定量等に使える．当研究室では，この特性を利用して，食品の産地判別[1]，混ぜ物の検知[2,3]，危害物質[4-9]や成分分布可視化[10-12]等の様々な応用を試みている．さらに昨今のICT（情報通信技術）の進展は，これまでの不可能を可能にする．近年，デジカメが普及し，解像度の高い写真が携帯電話でも撮れるようになった．また，写真が画素という小さな点の集まりであることは誰もが認識しつつある．

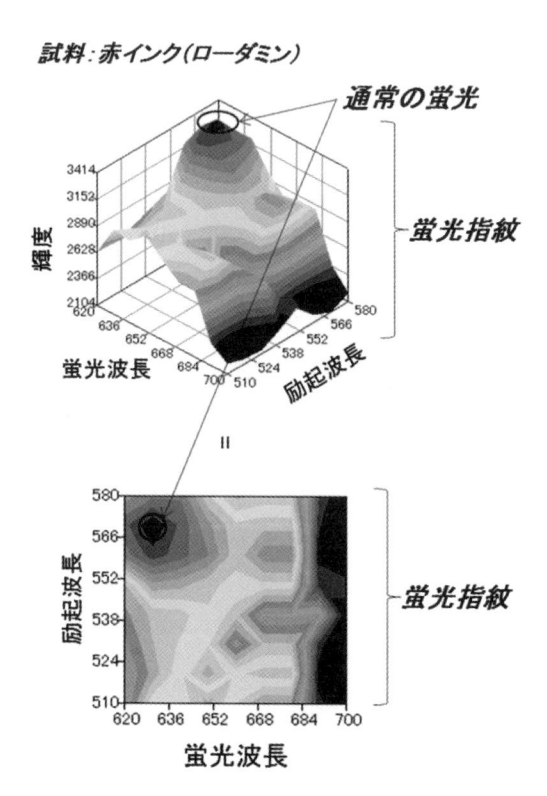

図2 蛍光指紋の一例（ローダミン）

この画素を上記の蛍光指紋の検出器として使えれば、画素ごとに蛍光指紋を取得することも可能である。そして、画素毎にその特徴を判断し、色に置き換えれば、これまで見えなかったものも可視化することができる。これが、我々が世界初の技術として開発を進めている蛍光指紋イメージングである。

2. 小麦かび毒の推定

小麦やトウモロコシ類の赤かび病菌で産生されるかび毒には、デオキシニバレノール（Deoxynivalenol, DON）、ニバレノール（Nivalenol, NIV）、ゼアラレノン（Zearalenone, ZEN）等がある。かび毒汚染は、穀類の収量・品質低下を招くばかりでなく、汚染穀物を摂取したヒトや動物に嘔吐、下痢、頭痛などの有害作用を示すため、世界中で重大な問題となっている。そこで、かび毒汚染の迅速・簡易な非破壊計測技術の開発を目的として、小麦粉の状態で、それぞれのかび毒の同時定量推定の検討を行った。

かび毒汚染小麦（品種：ホクシン）は、圃場にて赤かび病発病程度（低、中、高、甚）の異なる4つの試験区から収穫し、それを粉砕した小麦粉を試料とした。レファレンスとなるDON, NIV, ZENの化学分析値は、DONは、公定法にもとづく液体クロマトグラフィー法により濃度を算出した。NIV, ZENに関しては、公定法ではND（不検出）となる微量であったため、LC/MS/MSにて測定を行った。蛍光指紋は粉のまま分光蛍光光度計（日立F7000）で計測した。得られた蛍光指紋にPLS回帰分析を適用し、蛍光指紋情報による各かび毒の汚染濃度の定量推定を試みた。

図3に、DON, NIV, ZENにおけるPLS回帰分析のバリデーション試料における結果を示す。化学分析値と蛍光指紋に基づく推定値の間にいずれも直線性が見られ、各かび毒で濃度推定が可能であった。これは、かび毒種による蛍光特性の僅かな違いが反映された結果であると推察された。これらから、蛍光指紋計測と多変量解析を組み合わせることで、一次スクリーニングとしての小麦粉中のかび毒汚染濃度の推定や、異なるかび毒の同時定量への応用の可能性が示唆された。

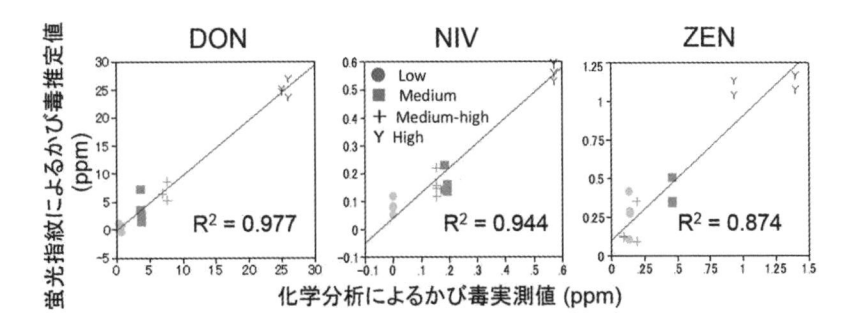

図3 3つのかび毒の同時推定(バリデーション結果)

3. ナツメグにおけるアフラトキシンの推定

　アフラトキシンは熱帯から亜熱帯地域にかけて生息する *Aspergillus flavus* などのカビにより生成されるカビ毒の一種であり，天然物の中で最も強力な発ガン物質として知られている．日本ではアフラトキシン B1 を対象に基準値（10ppb）が定められており（注：2011 年 10 月より Total AF での規制に変更），香辛料中のアフラトキシン B1 を検出する手法として，多機能カラムを使用した HPLC や LC/MS などの化学分析が公定法として採用されている．しかし，これらの手法は，煩雑な前処理や機器の操作・習熟を要するため，香辛料の産地や流通段階で実施可能な簡易・迅速なスクリーニング手法の開発が望まれている．ここでは，蛍光指紋により，煩雑な前処理をせずに簡易・迅速にナツメグ抽出液中のアフラトキシン B1 を検出する手法について検討を行った．

　アフラトキシン未検出のナツメグを粉砕した後，メタノール溶液（メタノール：水＝8：2）で振とう抽出を行い，遠心器で抽出残渣を取り除いたものをナツメグ抽出液とした．この抽出液にアフラトキシン B1 標準試薬（メタノール：水＝8：2）を添加し，0.0~4.0ppb（23 濃度段階）の疑似汚染濃度となるよう調製した．アフラトキシン B1 標準溶液と疑似汚染試料は，前処理をせずに，そのまま蛍光指紋計測に供試した．蛍光指紋の測定条件を検討するために，透過計測と反射計測を試みた．

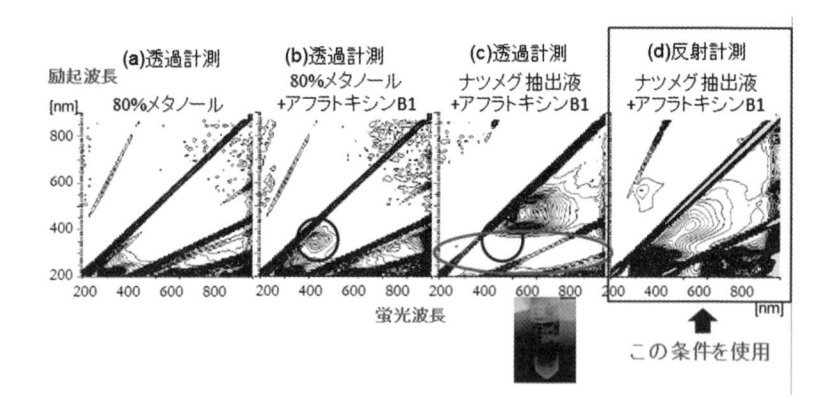

図4 アフラトキシンB1の蛍光指紋計測

　図4に，その結果を示す．図4(a)においては，透明なメタノールだけであるので，ほとんど蛍光情報はみられない．そこにアフラトキシンB1を添加した場合は，アフラトキシンの特徴的な蛍光ピークが観察される．しかし，メタノールに替わってナツメグ抽出液にアフラトキシンB1を添加すると，ナツメグ抽出液の色素による励起光の吸収が生じ，透過法においてはキュベットセルの内部まで励起光が到達できないため，蛍光情報はほとんど得られなくなる．しかし，反射法においては，キュベットセル表面のみにおいては蛍光現象が生じうるので，図4(d)のようなアフラトキシンの情報も含んだ蛍光指紋が得られることが明らかになった．すなわち，蛍光指紋の測定に反射法を用いることで，煩雑な前処理を経ずに疑似汚染試料に含まれるアフラトキシンの計測が可能となった．得られた蛍光指紋データにPLS回帰分析を適用することにより，推定値は，実際のアフラトキシンB1添加濃度と高い直線性を示した．これらの結果から，蛍光指紋を用いることで，ナツメグ抽出液中におけるppbレベルの低濃度のアフラトキシンB1濃度を簡易に推定可能になると推察された．

4. 牛肉表面の生菌数可視化への応用事例

　試料は，牛肉とし，事前に蛍光分光光度計（日立F7000）にて，生菌数推定に必

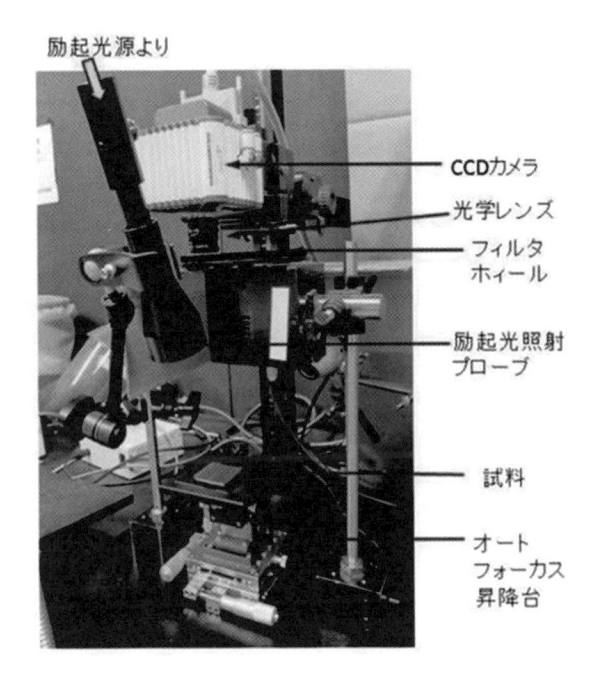

第4章 光の指紋で食品の安全を守る！　（ 67 ）

図5　蛍光指紋イメージング装置

要な励起波長，蛍光波長を確認し，それらの波長条件の干渉フィルタを備えた蛍光指紋イメージング装置（図5）を試作し，蛍光画像を撮影した．その直後に，同じ部位に対して培養法による生菌数を計測した．蛍光指紋から生菌数を推定するモデルを作成し，そのモデルを画素単位に適用することにより，画素毎の生菌数を推定し，カラースケールで可視化した．測定は，12時間置きに3日間にわたって行った．生菌数計測に有効な波長範囲は，励起波長が250～300nm，蛍光波長は，330nm～520nmであった．培養法で計測した一般生菌数を蛍光指紋のデータから推定するモデルを作成し，各画素に適用した結果をカラースケールでマッピングすることにより，図6のような生菌数の分布の可視化に成功した．現在，民間企業と共同で，本装置の実用化に関する研究が進められており，今後，様々な分野への応用が期待されている．

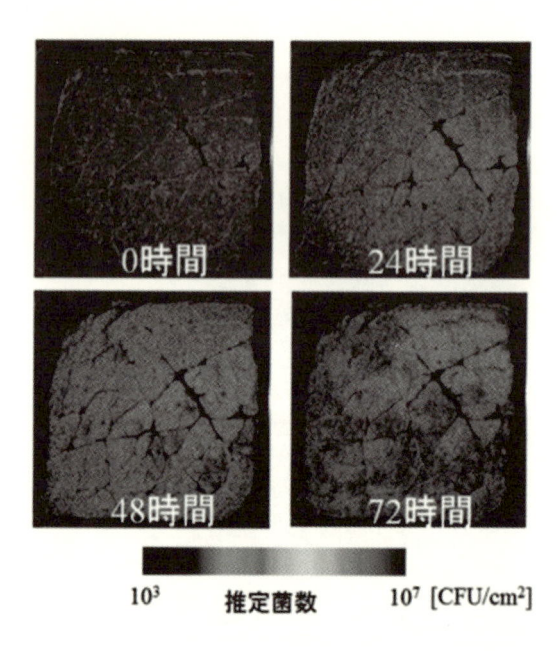

図6 牛肉表面の生菌数の可視化(実際はカラー画像)

引用文献

1) 中村結花子,藤田かおり,杉山純一,蔦瑞樹,柴田真理朗,吉村正俊,粉川美踏,鍋谷浩志,荒木徹也,蛍光指紋計測によるマンゴーの産地判別,日本食品科学工学会誌, **59**, 387-393(2012)
2) 杉山武裕,藤田かおり,蔦瑞樹,杉山純一,柴田真理朗,粉川美踏,荒木徹也,鍋谷浩志,相良泰行,励起蛍光マトリクスによるそば粉と小麦粉の混合割合の推定,日本食品科学工学会誌, **57**, 238-242(2010)
3) Shibata M., Fujita K., Sugiyama J., Tsuta M., Kokawa M., Mori Y. and Sakabe H., Predicting the buckwheat flour ratio for commercial dried buckwheat noodles based on the fluorescence fingerprint, Biosci., Biotechnol and Biochem., **75**, 1312-1316 (2011)
4) 藤田かおり,蔦瑞樹,杉山純一,励起蛍光マトリクス計測を応用したデオキシニバレノールの新規判別法,日本食品科学工学会誌, **55**, 177-182 (2008)
5) Fujita K., Tsuta M., Kokawa and sSugiyama J., Detection of deoxynivalenol using fluorescence excitation–emission matrix, Food and Bioprocess Technol., **3**, 922-927(2010)

6) 藤田かおり,蔦瑞樹,杉山純一,久城真代,柴田真理朗,蛍光指紋による小麦粉中のデオキシニバレノールの非破壊計測,日本食品科学工学会誌, 58, 375-381 (2011)
7) 藤田かおり,杉山純一,蔦瑞樹.小澤徹,柴田真理朗,吉村正俊,粉川美踏,久城真代,蛍光指紋を利用したコムギ中のカビ毒の非破壊簡易検出法の開発,農業情報研究, 21, 11-19(2012)
8) Fujita K. Sugiyama J., Tsuta M., Shibata M., Kokawa M., Onda H. and Sagawa T. Detection of aflatoxins B1, B2, G1 and G2 in nutmeg extract using fluorescence fingerprint, J. Food Sci. Technol. Res., (in press)
9) Oto N., Oshita S., Makino,Y. Kawagoe Y. Sugiyama J. and Yoshimura M., Non-destructive evaluation of ATP content and plate count on pork meat surface by fluorescence spectroscopy, Meat Sci., 93, 579-585(2012)
10) Kokawa M, Fujita K., Sugiyama J., Tsuta M., Shibata M., Araki T. and Nabetani H., Visualization of gluten and starch distributions in dough by fluorescence fingerprint imaging, Biosci., Biotechnol. Biochem., 75, 2112-2118 (2011)
11) Kokawa M., Fujita K., Sugiyama J., Tsuta M., Shibata M., Araki T. and Nabetani H., Quantification of the distributions of gluten, starch and air bubbles in dough at different mixing stages by fluorescence fingerprint imaging, J. Cereal Sci., 55,15-21 (2011)
12) Kokawa M., Sugiyama J. Tsuta M. Yoshimura M., Fujita K. Shibata M., Araki T. and Nabetani H., Development of a quantitative visualization technique for gluten in dough using fluorescence fingerprint imaging, Food and Bioprocess Technol., 5, (2012)

第5章
北海道発の気候変動適応策
―雪割り，野良イモ対策，土壌凍結深制御―

広田知良

農研機構北海道農業研究センター

1. はじめに

"土壌凍結深は制御できる"．北海道の十勝地方の農業者には，このコンセプトが浸透してきた．土壌凍結深は制御できるというコンセプトは，北海道の道東地方で起きた気候変動（土壌凍結深の減少）を契機に生まれた新しい科学そして農業技術である．世界の寒冷な気候帯でもこの発想・意識があるのは北海道の道東地方の生産者と一部の研究者だけであろう．農地の土壌凍結深は制御できるという考え方は，まず，我が国の最大のばれいしょ生産地帯である北海道・十勝地方において，初冬の積雪深増加による土壌凍結深の減少に伴い，畑に残った小イモが雑草化し後作物の生育阻害や病害虫発生等の源となる野良イモの問題に対しての対策技術として確立されることで認識された．さらに，土壌凍結深制御としての野良イモ対策技術が確立することで，これを前提とした新たな技術開発への展開も生まれ，土壌凍結深制御は野良イモ対策以外でもイノベーションの連鎖が続いている．本講演では，この研究・技術の概要と可能性，現在の展開について述べていく．

2. 土壌凍結深制御開発のきっかけ
― 十勝地方における土壌凍結深の減少 ―

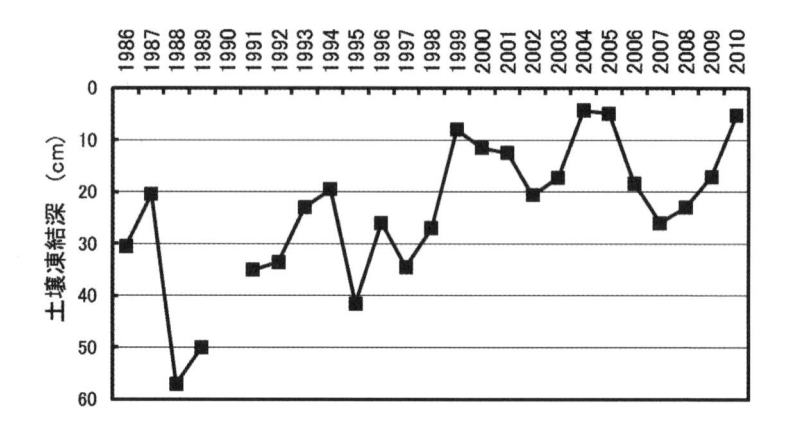

図1 年最大土壌凍結深の観測結果 農研機構北海道農業研究センター
(芽室研究拠点)

　我が国最大のばれいしょ生産地帯である北海道・十勝地方のは冬は，寒さが厳しく雪も少なかったため土壌凍結地帯として知られていた．ところが，十勝地方・芽室町の農研機構北海道農業研究センターの観測値では 1980 年代後半以前は年最大土壌凍結深が 40−50 cm 以上のことも珍しくなかったが，1980 年代後半から土壌凍結深が浅くなる傾向にあり．2000 年代以降では，凍結深が 20 cm 以下の年が多い（図 1）．なぜ土壌凍結深が近年減少傾向であるのか？当初は，地球温暖化の影響を考え，気温上昇が要因ではないかと考えたが，1980 年代後半以降の土壌凍結深の減少傾向が現れてからの冬の気温を調べてみると，必ずしも気温の上昇傾向はみられていなかった．つまり，気温の上昇が土壌凍結深減少の直接の要因ではなかった．ところで，雪には断熱作用があり，土壌凍結が発達するのは日平均気温が 0 ℃以下で積雪深が 20 cm に達するまでの期間に限られている．そこで積雪を調べると，近年，初冬に積雪深が 20 cm を超える傾向にあることがわかった．すなわち，初冬における積雪深の増加が土壌凍結深減少の直接の要因であったのである．これらの土壌凍結深の減少傾向は，十勝地方全域についてもアメダス観測地点の長期の気象データから解析したところ，十勝地方の平野部全体で認められた（Hirota et al., 2006; 広田, 2008）．

3. 野良イモの発生

そのころ，十勝地方では土壌凍結深の減少に伴い，農業では深刻な問題を生じていた．土壌凍結深の減少に伴い，従来は見られなかった野良イモの問題が顕在化したことである（広田，2008；前塚，2008；臼木，2012）．十勝地方は全国最大のばれいしょ生産地帯で，生産量は我が国の3割を占める．十勝のばれいしょ畑では機械収穫できなかった小イモが畑地に残る．この小イモは，従来は土壌凍結によって凍死していたが，土壌凍結深の減少に伴い，越冬可能となり雑草化する野良イモが多発するようになった．収穫後に畑に小イモは1ヘクタールあたり数万から数十万個残り，越冬後，多いところで野良イモとして2万株以上発生する．雑草化した野良イモは，畑地の肥料分を収奪し，輪作地帯である当地の後作物の生育を阻害するだけではなく，病害虫の温床，異品種イモの混入要因にもなる．野良イモの防除を農家は人力で対応せざるを得なかった．十勝は1戸当たりの畑面積が数十ヘクタール以上にも及ぶ大規模畑作地帯であり，イモ畑でも数ヘクタール規模である．広い畑での野良イモの防除は重労働で，農繁期に多大な時間を要し，作業は1ヘクタールあたり，1人で30－70時間にも及ぶ．農薬による防除もなされているが必ずしも十分な効果を挙げていなかった．

4. 雪割りの誕生

初冬における積雪深の増加が土壌凍結深の減少ひいては野良イモ発生の要因であるので，この原理から雪を取り除けば，土壌の凍結を促進して，野良イモを凍死させることはできると自ずと着想できる．ここで十勝の生産者が自ら発案した除雪方法は，雪割りと呼ばれるきわめて合理的な方法であった．雪割りとは，雪をトラクターやブルドーザ等の作業機械で，圃場内での除雪により土を凍らせる方法である（図2）．除雪した雪の置き場を新たに確保する必要もない．土壌が凍らなくなる新たな事態により，一部の農家は土壌凍結の正の効果（例えば，イモの野良生え防除効果）に気付き，さらに実際に現場で試みていた．しかも，雪と氷で閉ざされた農閑期の冬に自然の寒冷資源を上手に利用した農地管理をすることで無農薬による除草の実現につながっていた．作業時間は1ヘクタールでわ

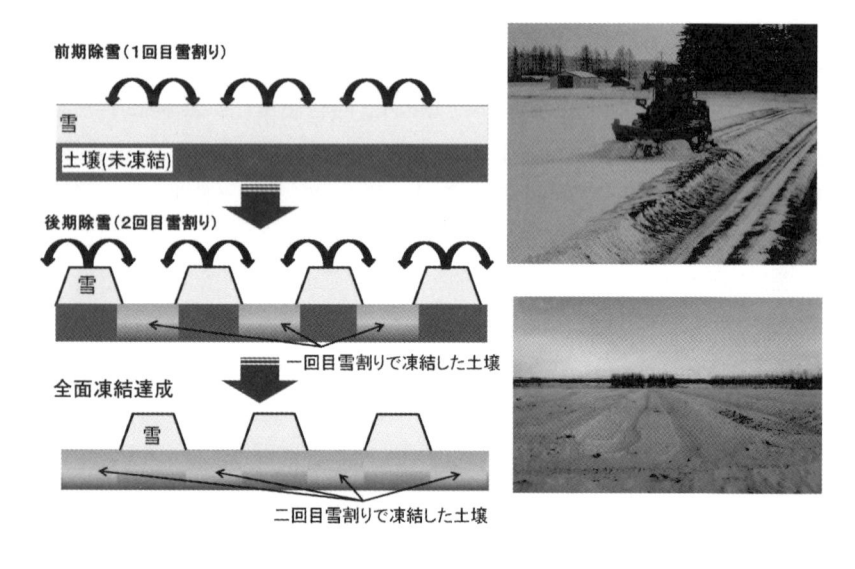

図2 雪割り作業概念図（左　矢崎友嗣　原図一部改訂）
雪割り実施風景（右上）と雪割り実施後の圃場（右下）　　（撮影　鈴木剛）

ずか30分以内であった．土壌を全面に凍らせるには，少なくとも2度の作業が要るので，計約1時間となる．夏場の人手によるつらく長い農作業（1ヘクタールあたり，1人で30－70時間）が冬の農閑期のわずか時間の機械作業により画期的な大幅な作業の省力化（1ヘクタールあたり，1～数時間）となるのである．

5. 土壌凍結深制御

しかし，この雪割りの作業のタイミングや除雪の期間（土壌を露出している期間）を雪割り作業者の勘と経験に頼っていたため，有効な土壌凍結深が得られず野良イモ防除に失敗したり，不透水層である土壌凍結を深くしすぎて融雪水を地表滞水させて湿害を招き，春先の農作業の遅れを引き起こしたりする事例も生じていた．そこで，この問題の解決のために，最適な土壌凍結深を設定して，これを制御することを着想した．すなわち土壌凍結深制御手法の開発である（Hirota et al., 2011）．

(1) 目標凍結深または閾値深さ critical depth の設定

　土壌凍結深制御に際しては，予め制御の目標となる凍結深を設定することが重要となる．これを求める方法として，まず，考えられるのは異なる土壌凍結深の深さを設定した試験区を設けて実験的に求める方法である．すなわち，土壌凍結深が何 cm 以上になると野良イモは凍死するかの閾値深さ（critical depth）を明らかにすることである．また，別の手法としては，制御の目標となる閾値温度（critical temperature）を設定し，この値から目標とする土壌凍結深を設定する方法も考案した．すなわち，閾値温度と圃場での地温分布と組み合わせることで，圃場での閾値深さの情報に変換して示すことである．野良イモ凍死については，凍死温度と地温の深さ別分布が与えられることで，地中のどの深さまで野良イモが凍死しているかがわかることになる．このように閾値深さを閾値温度から決めることができるのなら，必ずしも異なる凍結深の試験区を設定して圃場で実験的

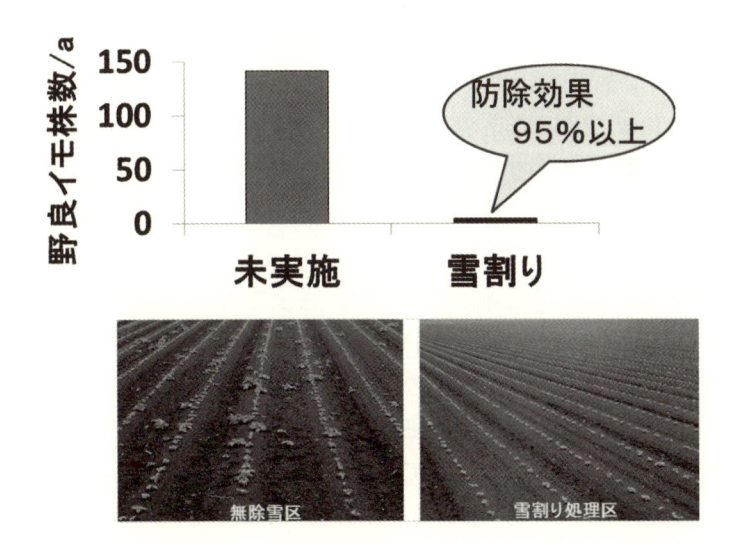

図 3　実証試験畑の無除雪区・土壌凍結深制御雪割り区の野良イモ発生数（上）（H22-23 年，23-24 年のべ 6 地点の平均）（道総研十勝農試，農研機構北海道農研原図）
　実証試験畑の野良イモ発生例（下）左　無除雪区（野良イモ発生）右（雪割り（土壌凍結深制御）区）（撮影　岩崎暁生）

に求める必要はなくなり，温度条件から論理的にパラメータを決めることができる．このような考え方で，野良イモ防除の場合は，閾値温度，すなわち野良イモ凍死温度は−3℃以下であること，畑での調査から残ったイモの多くが秋に畑を耕起しなければ 15 cm 以内であったので，深さ 15 cm を−3℃以下にするには，土壌凍結深を目安とすると除雪条件下では 30 cm 以上が必要なことを試験区の圃場試験と地温と土壌凍結深の関係および数値シミュレーションから明らかにした（Hirota et al., 2011）．また，現地の実証試験で雪割り後の土壌凍結深が 30 cm 以上あれば農家の畑の野良イモは凍結腐敗して実証試験では 95％以上の防除ができていることを確認した（図 3）（北海道農政部ら，2013; 農研機構，2013; Yazaki et al., 2013）．

(2) 大規模農地でも適用できる土壌凍結深制御

さらに，最適な土壌凍結深を現実に実現するために土壌凍結深をモデルで気温と積雪深データから推定・予測（Hirota et al., 2002）しながら凍結深を最適な深さに制御することにより，科学的に野良イモ防除に有効でかつ，土壌凍結促進が作物や農地に悪影響を残さないことを両立できる最適な土壌凍結深にコントロールできる土壌凍結深制御手法を開発した．雪は小さな氷の粒と空気で構成されていて優れた断熱作用を有する素材でもある．氷点下条件では雪に覆われた土壌は雪の除去（除雪）により土壌凍結は発達し，逆に深さ 20 cm 以上の積雪により土壌凍結の発達が抑制される．したがって，氷点下条件下では積雪深を操作することで土壌凍結深を変化させることができる．さらに，気温と積雪深を入力値とする地温・土壌凍結深を推定する数値モデルを用いることで除雪と堆積の時期と期間の調節で，最大凍結深を数 cm 以内の誤差で予測・制御が可能なことを示した．除雪による土壌露出期間の気温は，日々の観測値ではなく期間の平滑化値あるいはこの値に±1℃の範囲の値を与えてもモデルは最大凍結深を数 cm 以内の誤差で推定できる．これは地温や土壌凍結深の推定が時間積分を計算しており，日々の変動がある程度平滑化した形で計算しても結果的に出力値に大きな違いを生じない性質があることにもよる．このことは，入力値として，観測値のみならず気象庁の数値予報モデルでの予測データ（例えば，1 週間先までの気温や降水などの予測値や 2 週間先までの平均気温確率予報値）を用いて，数日から十数日先の

凍結深を予測しながら制御できる可能性があることも示す．対象とする凍結深，温度，深さの閾値の情報と地温推定モデルを用いた積雪深の操作を組み合わせることで最適な土壌凍結を数値計算で計算しながら最適な状態に制御できるので，これを土壌凍結深制御と呼ぶことにした．野良イモ防除が達成でき，かつ春先の融凍遅れを来さない最適な土壌凍結深は 30 cm～40 cm の範囲内に設定し，凍結深制御によってこれを実現する．

この土壌凍結深制御により，農家の勘と経験に頼った技術が，科学的な方法に基づく野良イモの対策技術となった．そして，土壌凍結深制御の適用の際に再び雪割りの長所を活かした（図 2）．このトラクター等の作業機械で除雪することによって土壌露出部と断熱作用のある雪山部を交互に列条にする雪割り作業は，結果的に凍結促進と抑制を同時に実施している．特に，後期の雪割り作業開始は後半の土壌凍結促進開始ばかりでなく前期雪割り土壌凍結促進の終了でもあり，これを意識的に作業実施することは凍結深を制御していることになる．すなわち，見かけ上は，農家の雪割り作業はそのままで，雪割りのタイミングに入ると除雪を実施している期間（土壌の露出期間）をモデル計算に基づき意志決定しし実施するのが土壌凍結深制御なのである．また，雪割りを土壌凍結深制御という考え方で捉えることで，後期の雪割りの後で，再降雪がなく，土壌露出期間が長くなりすぎる時は，雪山を崩し土壌露出部分を雪で再び覆う，「割戻し」によって，過剰な凍結促進を抑制できる制御手段も創案した（北海道農政部ら, 2013; 農研機構, 2013）．

土壌凍結深制御の適用条件は，与えられた気象条件，閾値温度あるいは閾値深さ（目標土壌凍結深）で決まる．野良イモ防除の例では，凍死温度が－3℃とすると，深さ10 cmの野良イモの凍死には，十勝地方芽室の平年の気象条件では最寒期（1月中下旬）で，土壌凍結深制御のための除雪による土壌露出期間は 10 日を要すると推定できる．温暖化シナリオ条件において 21 世紀末想定の気温が現在より＋3℃上昇したと仮定した場合は，土壌の露出期間も 3 日増えて, 13 日間が必要と推定できる．また，冬期間，雪割りによって土壌凍結深 30 cm を実現するためには，12－2 月の平均気温が－5℃以下の地域が気候学的な適用条件であることも示せる（Hirota et al., 2011）．さらに，このような結果に基づき後期の雪割り作

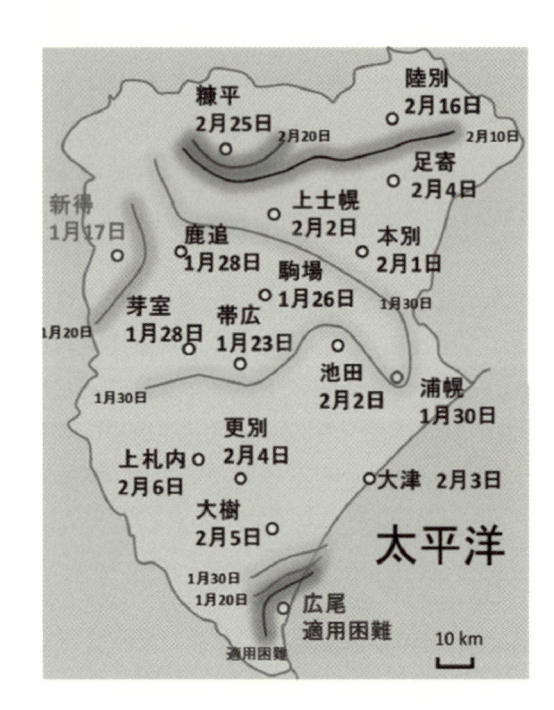

図4 30年に一度の暖冬年に対応した後期雪割り実施晩限．アメダスの気象データからの推定（矢崎友嗣原図）

業を平年の目安はいつになるのか，暖冬年ならいつまでに実施すれば良いか等，具体的な雪割り作業スケジュールを決定する雪割り晩限も計算できる（矢崎ら，2012）．例えば，30年に1度の頻度で出現する暖冬年の気象に対応可能な後期雪割り晩限は，十勝地方の平野部では1月下旬〜2月上旬となる（図4）．すなわち，土壌凍結深制御は物理的な考え方に基づく手法なので，与えられた諸条件下において，予め適用条件も演繹的に明らかにできるのも大きな特徴である．

　土壌凍結深制御は何か資材を用いるものではなく，また，特別な機械や新たな施設・設備を必要としていない．寒さと雪の自然資源（気象資源）のみを活用して実現する．言うまでもなく，農業と気象は密接に関わっている．しかし，大規模土地利用型農業では天気任せにするしかなく，人為的な環境制御は困難とされてきた．一方，雪割りは短時間（1回1haあたり30分以内）で終了する．この迅速な作業速度は，制御の考えと組み合わせることで大面積での環境制御への着想に自然と至る．つまり，ここで取り組まれている現場技術と私達の研究・技術開

発は，土壌凍結深制御による大規模土地利用型農業での環境制御の実現を意味する（広田，2009; Hirota et al., 2011; Yazaki et al., 2013; 矢崎ら，2013）．

6. 土壌凍結深制御手法におけるイノベーションの連鎖

　この土壌凍結深制御は十勝農協連の農業情報システムであるてん蔵に搭載し（図5），現在，十勝の農協24団体と農協加盟農家に土壌凍結深制御による野良イモ対策情報を発信できることになり（岩崎，2014），技術の普及に至った．さらに野良イモ対策技術は，十勝地方に次ぐばれいしょの生産地帯であるオホーツク地方にも浸透しはじめてきた．

　また，野良イモ対策が確立されることにより，小粒種イモ生産技術の開発と普及への障害を取り除き，ばれいしょのさらなる生産性向上にもつながりはじめた．

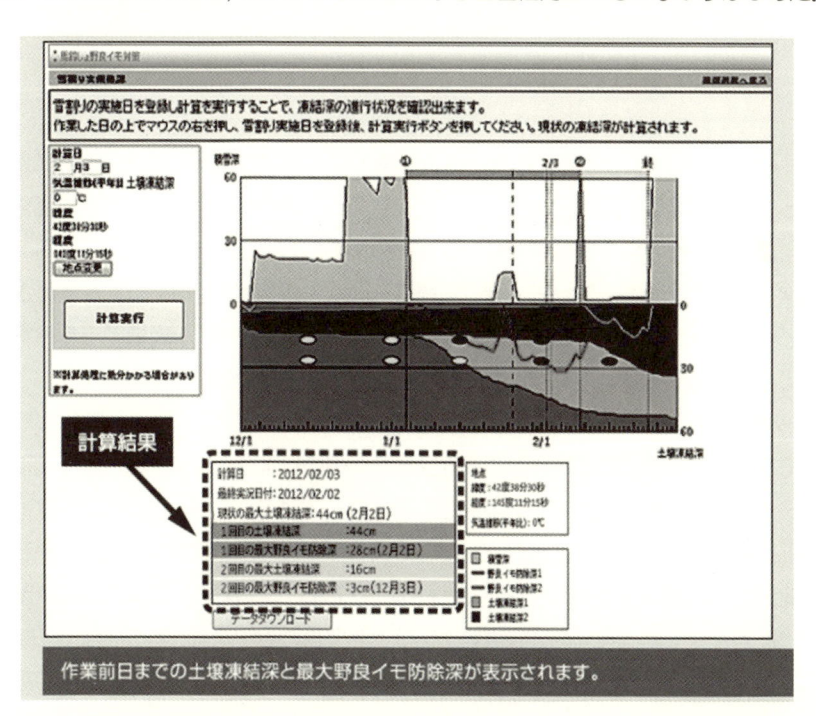

図5　営農Webてん蔵による土壌凍結深・野良イモ防除予測例（十勝農協連提供）

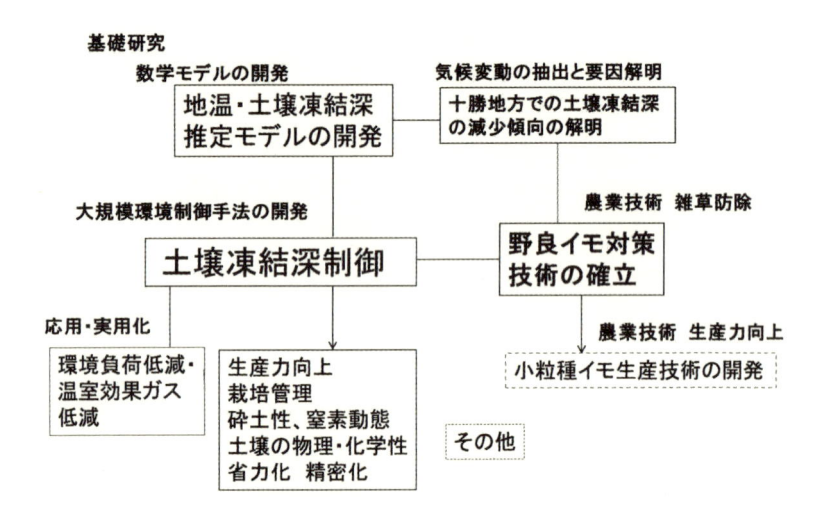

```
基礎研究
      数学モデルの開発              気候変動の抽出と要因解明
      ┌─────────────┐         ┌─────────────────┐
      │ 地温・土壌凍結深 │         │ 十勝地方での土壌凍結深 │
      │ 推定モデルの開発 │         │ の減少傾向の解明    │
      └─────────────┘         └─────────────────┘

      大規模環境制御手法の開発        農業技術 雑草防除
      ┌─────────────┐         ┌─────────────┐
      │ 土壌凍結深制御  │         │ 野良イモ対策  │
      │            │         │ 技術の確立   │
      └─────────────┘         └─────────────┘
                                    ↓ 農業技術 生産力向上
    応用・実用化                   ┌─────────────────┐
   ┌──────────┐ ┌──────────┐    │ 小粒種イモ生産技術の開発 │
   │環境負荷低減・│ │生産力向上  │    └─────────────────┘
   │温室効果ガス │ │栽培管理   │
   │低減     │ │砕土性、窒素動態│       ┌──────┐
   └──────────┘ │土壌の物理・化学性│      │ その他 │
               │省力化 精密化 │       └──────┘
               └──────────┘
```

図6 土壌凍結深制御におけるイノベーションの連鎖図

ばれいしょ栽培では，全粒で小型化された種イモを利用が生産現場から要望が高まっている．全粒イモの種イモとして利用すると，萌芽や茎数等の生育を揃えやすく，イモ切りの作業等も必要とせず作業労力の軽減も図れるため，生産性向上にメリットがあるからである．また，種イモの取引規格は，規格見直しが検討される中，採種栽培における小粒化の要望自体も高まっており，小粒種イモを効率良く生産する技術開発が望まれている（例えば，北農研成果情報，2014）．

しかし，ここで種イモ生産の小粒化を進めることは，畑には，より小粒化したイモが収穫時に取りこぼされやすく野良イモ発生のリスクを増す．これが小粒化種イモ生産の技術開発の一つの重大な障害になっている．しかし，ここで野良イモ対策技術が確立されたことにより，この障害が取り除かれ，今後小粒化種イモ生産技術の開発はより促進されることが期待される．すなわち，土壌凍結深制御による野良イモ対策技術の確立は雑草防除としてばかりでなく，新たな種イモ開発を通してばれいしょ栽培の生産性向上への寄与にもつながってきているのである．

さらに土壌凍結深制御の可能性は野良イモ対策だけに留まらない．土壌凍結は，

土壌の物理性や土壌中の水・物質動態ガスおよび温室効果ガス放出への影響など様々な面からも影響を与える（Iwata et al., 2010; Yanai et al., 2011; Iwata et al., 2013）．土壌凍結層の有無や凍結深の違いで融雪水の挙動が大きく変化する．凍結が深いと，厚い凍結層により，融雪水の浸透が抑制され，土壌は湛水状態になり，表面流去が卓越する．一方，凍結深が浅くなると融雪水は土壌へ速やかに浸透する（Iwata et al., 2008, Iwata et al., 2010, 岩田ら, 2011）．さらに凍結深の違いが融雪水の挙動に影響を与えることで土壌中の硝酸態窒素も影響を受け，凍結が深い場合は融雪水が浸透しないため土壌中に窒素が残存するが，一方で凍結深が浅いと硝酸態窒素が融雪水に伴って流れて地下へ速やかの浸透する（Iwata et al., 2013）．さらに，温室効果ガスで二酸化炭素 CO_2 の約 300 倍の温暖化ポテンシャルで農業由来が大きいとされる一酸化二窒素 N_2O は，生成が微生物の反応なので，温度がある程度高くないと発生しないと考えられがちだったのだが，土壌凍結地帯では，低温の土壌凍結融凍期に年間の 80％以上大放出される事例が多く観測された（例えば，Yanai et al., 2014）．この要因を解明していくと，凍結深が深い条件では雪水の浸透不良が通気を妨害し微生物反応（脱窒）を誘導し，土壌ガス中 N_2O 濃度を著しく上昇させ，凍結融凍期に N_2O を大放出させることが明らかとなった（Yanai et al., 2011）．すなわち，土壌凍結地帯の温室効果ガス N_2O の放出量も土壌凍結深に大きく影響を受けているのである．

　また，雪割り後の土壌凍結をした畑は土壌物理性も改善，播種精度の向上と発芽の均一化，その後の畑の管理も容易になり，ひいては作物の収量や出来にも好影響をもたらすとも言われ，新たな技術開発の展開が生まれはじめてようとしている．すなわち，土壌凍結は制御できるというコンセプトにより，土壌凍結深制御手法は野良イモ対策のみならず，新たな種イモ生産技術の開発，土壌の物理性・化学性の改善，温室効果ガス排出量抑制など，生産性の向上と環境負荷低減技術を両立させる寒地の農業技術大系全般に渡る多方面への科学技術開発に展開されはじめている．言い換えると，土壌凍結深制御手法は野良イモ対策技術に対しては技術が確立して普及に至ったが，さらに，新しい技術開発へ持続的に発展してきており，いわゆるイノベーションの連鎖が起きはじめているのである（図6）．これらのイノベーションの連鎖のはじまりの元をたどると，土壌凍結深の長

期的な減少傾向，つもり気候変動がきっかけと行き着く．つまり，土壌凍結深制御手法の開発は気候変動（温暖化）に対する適応策として，野良イモ対策技術が開発されたとみなすことができる．ここでの発想は雪を取り除き→土壌の凍結を促進して→野良イモを凍死という，野良イモ発生要因の雪を除雪するという現場からの自ずと出てくる着想から生まれたものであるが，一方で，国際的な観点から眺めてみると，冬の雪に覆われている時から農地管理を実施する技術は海外では類例のみられない極めて独自性が着想，技術である（広田，2013）．このように考えると，土壌凍結深制御は21世紀以降に気候変動を契機として生まれ，かつ国際的にも発想されていないことから，気候変動が生じる以前には国際的な視点でも誰も予想ができなかった極めて独自性，意外性のある技術開発とも言える．すなわち，土壌凍結深制御手法の発展そして野良イモ対策技術の確立の後の技術開発の展開は気候変動を契機とした革新性のあるイノベーションの連鎖を引き起こした科学技術であると考える．

参考文献

広田知良, 2008: 北海道・道東地方の土壌凍結深の減少と農業への影響．天気, 55, 548−551
広田知良, 2009: 大規模土地利用型農業で実現したパッシブ制御―土壌凍結を活用した野良イモ防除―，生物と気象, 9, A-3
広田知良, 2013: 寒地農業に及ぼす気候変動・温暖化の影響解析・評価と適応対策に関する研究．生物と気象, 13, F1-15.
北海道農政部，北海道立総合研究機構農業研究本部, 2013：土壌凍結深の制御による野良いも対策技術．　http://www.agri.hro.or.jp/center/kenkyuseika/gaiyosho/25/f1/09.pdf
（アクセス日：2014 年 7 月 8 日）
岩崎暁生, 2014: 野良いも退治とウェブシステムの活用　農家の友　2014.01 84−87
岩田幸良，長谷川周一，鈴木伸治，根本学，廣田知良, 2011: 土壌凍結深や地温が融雪期における融雪水の深層への浸透に与える影響．土壌の物理性. 117, 11−22
前塚研二, 2008: 十勝の野良イモ発生の実態と除雪による野良イモ処理, 北海道の農業気象, 60:39−43
農研機構, 2013: 土壌凍結深の制御による野良いも対策技術
http://www.naro.affrc.go.jp/project/results/laboratory/harc/2012/210a3_01_44.html　（アクセス日：2014 年 7 月 8 日）
津田昌吾，横田 聡，中司啓二，辻 博之, 2014: バレイショ採種栽培におけるジベレリンを活用した小粒種いも生産技術，
　　http://www.naro.affrc.go.jp/project/results/laboratory/harc/2013/13_008.html　（アクセ

スロ：2014年11月16日）
矢崎友嗣, 広田知良, 鈴木 剛, 白旗雅樹, 岩田幸良, 井上 聡, 臼木一英, 2012：北海道の気候条件から見た土壌凍結深制御による野良イモ防除の作業日程, 生物と気象 12, 12－20.
矢崎友嗣, 広田知良, 岩田幸良, 2013: 北海道十勝地方における土壌凍結深制御による雑草（野良イモ）防除. 土壌肥料学雑誌, 84, 478－481
臼木一英, 2012: 凍結腐敗を用いた野良イモ防除 ～気象資源を技術につなぐ～ 北農 79:180－185
Hirota, T., J.W. Pomeroy, R.J. Granger, and C.P. Maule, 2002: An extension of the force-restore method to estimating soil temperature at depth and evaluation for frozen soils under snow. Journal of Geophysical Research, 107, D24, 4767, 10.1029/2001JD001280.
Hirota T., Y. Iwata, M. Hayashi, S. Suzuki, T. Hamasaki, R. Sameshima, I. Takayabu, 2006: Decreasing soil-frost depth and its relation to climate change in Tokachi, Hokkaido, Japan. Journal of the Meteorological Society of Japan, 84, 821－833.
HirotaT., K.Usuki, M.Hayashi, M.Nemoto, Y.Iwata, Y.Yanai, T.Yazaki, S.Inoue,2011; Soil frost control: agricultural adaptation to climate variability in a cold region of Japan. Mitigation and Adaptation Strategies for Global Change.16.791－802.
Iwata, Y., M.Hayashi, T. Hirota, 2008: Comparison of snowmelt infiltration under different soil-freezing conditions influenced by snow cover. Vadose Zone Journal .7, 79－86.
Iwata, Y., M.Hayashi, S.Suzuki, T.Hirota, S.Hasegawa, 2010: Effects of snowcover on soil freezing, water movement and snowmelt infiltration. Water Resources Research. 46, W09504, doi: 10.1029/2009WR008070.
Iwata,Y., T.Yazaki, S.Suzuki,T.Hirota, 2013: Water and nitrate movements in an agricultural field with different soil frost depths: field experiments and numerical simulation. Annals of Glaciology, 54, 157－165
Yanai, Y., T.Hirota, Y.Iwata, M.Nemoto, O.Nagata, N.Koga, 2011: Accumulation of nitrous oxide and depletion of oxygen in seasonally frozen soils in northern Japan under snow cover manipulation experiments. Soil Biology and Biochemistry. 43, 1779－1786.
Yanai,Y.,T.Hirota, M.Nemoto, Y.Iwata, N.Koga, O.Nagata, S.Ohkubo, 2014: Snow cover manipulation in agricultural fields as possible mitigation options of the greenhouse gas emissions. Ecological Research, 29, 535－545.
Yazaki, T., T.Hirota, Y.Iwata, S.Inoue, K.Usuki, T.Suzuki, M.Shirahata, A.Iwasaki, T.Kajiyama, K.Araki, Y.Takamiya, K.Maezuka, 2013:Effective killing of volunteer potato (*Solanum tuberosum* L.)tubers with soil frost control using agrometeorological information–an adaptive countermeasure to the climate change utilizing climate resources in a cold region. Agricultural and Forest Meteorology. 182－183, 91－100.

第6章
微生物ゲノム情報を圃場で活かす
－作物根圏からの温室効果ガス発生を制御するために－

南澤 究
東北大学大学院生命科学研究科

1. はじめに

　農耕地は，肥料・農薬などの化学資材を導入しながら気候条件に適した作物の栽培が行われてきた．農耕地の自然的・人為的な環境変化のインプットに対して，持続的食料生産や環境保全のアウトプットの効果がどのように得られるかという農学研究が多く行われてきた．微生物は作物生育や農耕地の物質循環に深く関与しているが，培養に依存する従来の方法のみでは限界があり，農耕地における微生物の役割の大部分は不明であったと言える（図1）．近年，環境 DNA 等を利用した微生物群集を捉える方法論が一般化してきた．今までは PCR 産物のシーケンスが利用されてきたが，近年のシーケンス技術の飛躍的な進歩により，環境 DNA 丸ごとのシーケンスをランダムに行うメタゲノム解析やそれに基づいた微生物機能解明のメタプロテオーム技術なども進歩してきた．これらは，いわゆるオーミックス（Omics）と言われる生物や生物群集に対して網羅的なアプローチを行う方法論である．近年 Nature 誌上で土壌微生物の多様性について論争があったが，その際メタゲノム解析派の「私達は土壌微生物の多様性について何を知らないか知らないのである」という言葉が印象的であった．つまり，自然界の「培養困難」な多様微生物の働きについて私達はほとんど知らないといって良い．
　本稿では，作物根圏からの温室効果ガス発生に関わる微生物研究の紹介をする．

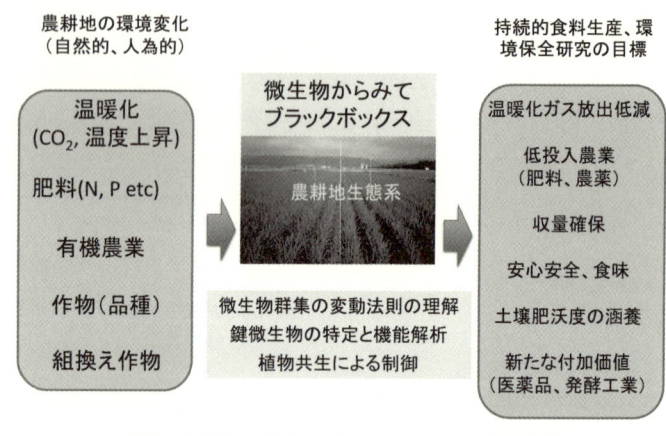

図1 農耕地の植物マイクロビオーム研究の意義

農耕地の環境変化インプットに対して，微生物群集構造やそれらの微生物の機能がどのように変化するか，どの鍵微生物がそれらの物質循環機能を担っているのかという点について，オーミックス解析により分かり始めてきたと言える（図1）．特に，作物体の内部および表面に生息している微生物群である植物マイクロビオーム（用語説明1）は，その作物生育や地球環境により大きい影響を与え，しかも土壌より微生物多様性が低いために，農学分野において植物マイクロビオームは重要な研究対象となると考えている．

2. 農業活動に伴う温室効果ガス

農耕地は作物の生産のための人工生態系であるが，同時に地球レベルの環境の一部として無視できないほど大きな影響力を持っている．したがって，最も地球環境にインパクトのある，地球温暖化に関わる微生物の働きに着目する視点は重要である．そこで，まず農業活動に伴って発生する温室効果ガスについて説明をしたい．

主要な温室効果ガスには，二酸化炭素（CO_2）のほか，微量大気成分であるメタン（CH_4）と一酸化二窒素（亜酸化窒素：N_2O）があり，もともと自然界に存在している．しかし，産業革命以降の人間活動による温室効果ガス濃度の急激な上

昇が地球温暖化を引き起こすことが懸念されている．各ガスの温室効果は，地球温暖化係数という CO_2 換算の値で表せる．CH_4 および N_2O の地球温暖化係数は，それぞれ 25 と 298 と非常に大きいため，これらのガス濃度の微量な増加でも地球温暖化に大きな影響を及ぼし，同時に N_2O はオゾン層破壊ガスでもある（秋山，2013）．農耕地などの土壌生態系においては CH_4 および N_2O を巡って生成および吸収の複雑な反応が微生物によって生じているが，その実態はまだ良くわかっていない（秋山，2013）．

ここでは，筆者らが行ってきた「水稲根のメタン酸化細菌とイネ共生遺伝子の相互作用」と「ダイズ根圏における一酸化二窒素の発生機構と根粒菌による削減」の研究を紹介しながら，農耕地の微生物多様性と機能について考えていきたい．最後にも述べるが，農耕地に生息している微生物やそれらの物質循環能は，農学の総合化という視点からも大変重要であると筆者は考えている．

3. 水稲根圏のメタン酸化細菌とイネ共生遺伝子

(1) 窒素施肥レベルによる水稲根の細菌群集構造変化

図 2　宮城県鹿島台圃場の施肥管理とメタゲノム解析（Ikeda et al. 2014）

肥料削減は持続的農業の一つの目標である．施肥レベルにより水稲の生育や水田からの温室効果ガス放出が変化することは多数報告されているが，微生物群集がどのように変化するかその全体像は明らかにされていない．そこで，筆者のグループが開発した作物体に生息している細菌細胞を濃縮する手法 (Ikeda et al., 2009, Ikeda et al., 2010) を用いて，窒素施肥レベルの異なる圃場で栽培したイネ（日本晴）の地上部と根（根の内部と表面）に共生する細菌の多様性を，まず 16S リボソーム RNA 遺伝子のクローンライブラリー解析により行った．栽培圃場は，東北大学の鹿島台圃場に設置してある 5 年間窒素肥料のみを施肥していない低窒素区と慣行施肥区（30 kgN ha^{-1}）を用いた（図 2）．その結果，多くの分類群の微生物が検出されたが，相対存在比が最も変化しているのは，低窒素区のイネ根の *Burkholderia* 属, *Bradyrhizobium* 属, *Methylosinus* 属の特定の細菌群が慣行窒素区より上昇したことである（図 3）(Ikeda et al., 2014)．機能遺伝子として，メタン酸化や植物ホルモン関連遺伝子の相対存在比が低窒素区で上昇し（表 1），これらの現象は，定量 PCR および ^{13}C 標識メタン添加実験からも支

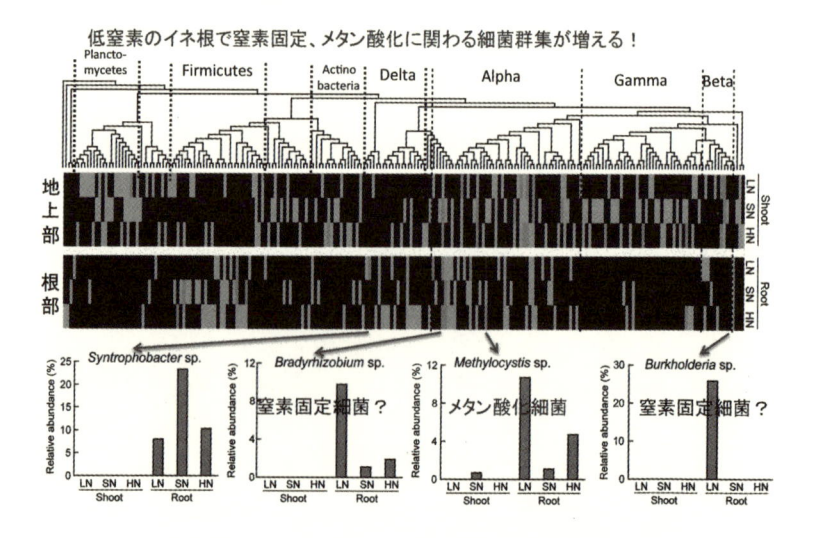

図 3 低窒素区，慣行区のイネ共生細菌の 16S rRNA 遺伝子のクローンライブラリー解析（Ikeda et al., 2014）

表1　低窒素区および慣行区のイネ根マイクロビオームの
メタゲノム解析による機能遺伝子比較

カテゴリー	機能	遺伝子	存在比(10^{-5}) 低窒素区(LN)	存在比(10^{-5}) 慣行区(SN)	LN/SN比	統計解析(t-test)
窒素固定	Nitrogenase (molybdenum-iron) reductase	nifH	14.8	10	1.5	0.111
メタン代謝	Particulate methane monooxygenase	pmo	28.8	7	4.1	0.003
	Soluble methane monooxygenase	mmo	27.5	5.9	4.7	0
	Methyl-coenzyme M reductase	mcr	3.8	10.8	0.4	0.02
植物ホルモン	1-Aminocyclopropane-1-carboxylate deaminase	acdS	6.1	1.3	4.7	0.011
	Tryptophan 2-monooxygenase	iaaM	5.4	0.1	44.5	0.075
	Indoleacetamide hydrolase	iaaH	8.5	1.9	4.5	0.009
	Indole-3-pyruvate decarboxylase	ipdC	0.1	0.3	0.4	0.219

グレーの網かけは統計的に有意に変化した機能遺伝子の存在比を示す．
Ikeda et al. 2014. Microbes Environ. 29：50-59.

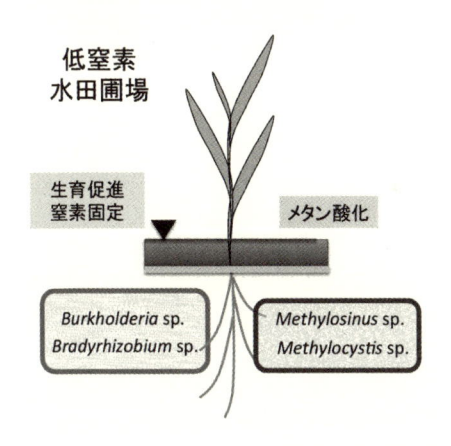

図4　低窒素圃場の水稲根で起こる細菌相の変化(Ikeda et al. 2014)

持された（Ikeda et al., 2014）．また，低窒素区のイネ根では，イオウ・鉄および芳香族化合物の細菌代謝関連遺伝子も増加した．これらの結果は，低窒素環境が水稲根の共生細菌群集を形作る鍵因子であり，水田生態系の生物地球化学的過程に影響することを示唆していた（Ikeda et al., 2014）（図4）．

(2) イネの共生遺伝子と窒素固定

　植物は微生物共生を通じて窒素やリン等の栄養を獲得するため，栄養が貧弱な

土壌でも生育できる．近年，イネ科植物でもマメ科植物の共生遺伝子 *CCaMK*（用語説明 2）が菌根菌との微生物共生に必須であることが示唆されている（Ikeda et al., 2010, Evangelisti et al., 2014）（図 5）．微生物群集構造解析の結果，圃場に生育した *CCaMK* 変異イネ根で根粒菌を含む *Rhizobiales* 目に属する共生細菌が減少した（Ikeda et al., 2011）．*Rhizobiales* 目細菌には窒素固定細菌やタイプⅡ型メタン酸化細菌（用語説明 3）が多く存在する．そこで，水田におけるメタンフラックスを調べてみた．低窒素区において *CCaMK* 変異体はメタンフラックスが野生型の日本晴より約 2 倍に有意に上昇した（Bao et al., 2014a）．一方，慣行窒素区では日

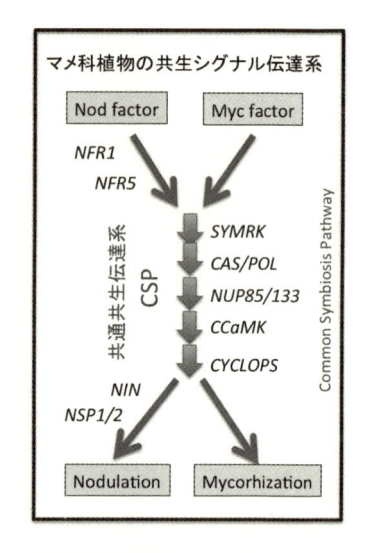

図5 マメ科植物の共生共通シグナル伝達系
植物は根粒菌が生産する Nod factor および菌根菌の Myc Factor を受容して，根粒形成（Nodulation）および菌根形成（Mycorhizatioin）をそれぞれ誘導する．

本晴と *CCaMK* 変異体の間に差が観察されなかった．種々の解析の結果，*CCaMK* 遺伝子を持っている日本晴のイネ根では，メタン酸化細菌が低窒素環境でのみ増加する傾向があり，実際メタン酸化活性も上昇していた．

　それでは，低窒素区のイネ根でなぜメタン酸化活性が上昇するのであろうか．低窒素環境であること，メタン酸化活性がイネ共生遺伝子 *CCaMK* に依存していることから，やはりイネ根で微生物の窒素固定が活性化すると考えると大変合理的であった．しかし，水田圃場レベルのイネ根微生物の窒素固定を正確に測定するのは意外と難しいことである．イネ根を掘ってくると根が酸素に触れて窒素固定が阻害される．また，アセチレン還元法や $^{15}N_2$ トレーサー法という便利な方法があるが，数時間の活性を測定しただけでは，日変動のある窒素固定を生育期間全体で推定するのは難しい．

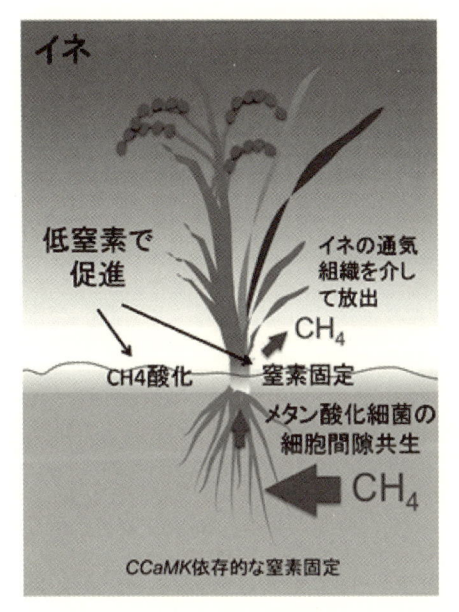

図6 水稲体内を経由する水田生態系からのメタン発生
水田土壌で生成されるメタンは水稲を通じて大部分が放出されている．しかし，根のメタン酸化細菌がメタンを酸化して，大気中に放出されているメタンの量は減少している．

そこで，筆者らは生育期間全体の窒素固定を評価できるイネ作物体の安定同位体 ^{15}N の自然存在比を測定することにした．その結果，日本晴地上部の ^{15}N 自然存在比が *CCaMK* 変異体の値より大気窒素 N_2 の ^{15}N 自然存在比に近かったので，窒素固定活性が上昇したことが強く示唆された（Bao et al., 2014a）．

以上の結果より，日本晴の窒素固定活性が，*CCaMK* 変異体より高いことが示唆された．したがって，イネ *CCaMK* 遺伝子が低窒素環境でメタン酸化と窒素固定が活性化を促していると考えられた（図6）（Bao et al., 2014a）．

(3) 水稲根マイクロビオームの微生物生態学

次に，どの微生物がメタン酸化と窒素固定を行っているかということが疑問になってきた．今までの結果より，メタンを酸化しているのはタイプⅡ型メタン酸化細菌であることは間違いない．問題なのは，どの細菌が窒素固定を行っているかということである．最近，メタン酸化細菌のゲノムが公表されているが，調べ

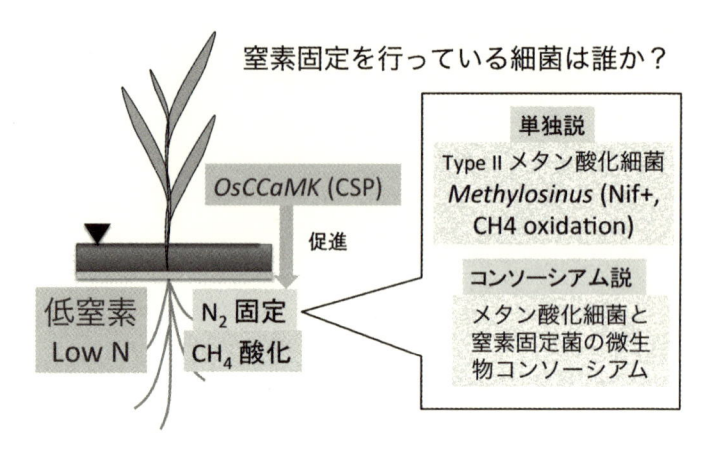

図7　水稲根のメタン酸化窒素固定に関する作業仮説

て見ると窒素固定酵素であるニトロゲナーゼの遺伝子 *nifHDK* が存在するので，メタン酸化細菌自身が窒素固定をしている可能性が考えられた（単独説，図7）．もう一つの可能性として，メタン酸化細菌が分泌するメタノールなどを介して，低窒素区で増えてくる *Bradyrhizobium* 属細菌または *Burkholderia* 属細菌（図3，図4）が窒素固定を行って可能性も考えられた（コンソーシアム説，図7）．

　オーミックス解析の常識としては，ここで発現している遺伝子を調べるメタトランスクリプトーム解析となる．しかし，圃場からイネをサンプリングしてきて細菌細胞を調製するにはどんなに急いでも数時間はかかり，かなりの時間は室温近くとなる（Ikeda et al., 2009）．それでは数分で変化するとされている細菌のmRNAの組成は検出できない．そこで，比較的安定なタンパク質の解析を思いついた．具体的には，イネ根から調製した細菌細胞（Ikeda et al., 2009）からタンパク質を抽出し，上記メタゲノムデータベースを用いたメタプロテオーム解析を行った．

　その結果，タイプ II 型メタン酸化細菌（*Methylosinus* 属など）の窒素固定酵素ニトロゲナーゼとメタン酸化酵素のタンパク質が一番多く検出され，タイプ II 型メタン酸化細菌が窒素固定を行っていることが強く示唆された（Bao et al., 2014b）．つまり，メタン酸化細菌が窒素固定を行っているという単独説が強く

指示された訳である（図7）．さらに，微生物生態研究で最近汎用されているCRAD-FISH法（用語解説4）という方法で，タイプII型のメタン酸化細菌のイネ組織の局在性を観察したところ，2カ所に生息していることが明らかとなった（図8）（Bao et al., 2014b）．一つは，イネの表皮細胞層の細胞間隙と表面であった．もう一つは，なんとイネ根の中心柱に生息していることが明らかになった．

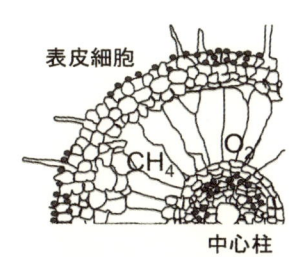

図8 タイプII型メタン酸化細菌のイネ根における生息場所

メタン酸化細菌は，やはり植物組織内に生息しているエンドファイトの一種でもあった．窒素固定やメタン酸化を起こしているのは，中心柱に生息しているメタン酸化細菌なのか，表皮細胞層に生息しているメタン酸化細菌なのか興味のあるところである（図8）．

以上の一連のイネ根圏細菌の研究結果より，イネの共生遺伝子 *CCaMK* は低窒素環境でメタン酸化窒素固定細菌の生息を促進し，メタンの豊富な水田環境において窒素固定を行っていると考えられた．これは，低窒素環境で *CCaMK* が窒素固定菌を受容するという意味で，マメ科植物と根粒菌の共生窒素固定と類似している．しかし，マメ科植物では光合成産物が窒素固定のエネルギー源になるのに対して，水稲根では，水田土壌環境に豊富にあるメタンをエネルギー源としているところが異なっている（図6）．

(4) 水田土壌微生物とイネ共生遺伝子の二つの謎

窒素肥料を5年間施肥しない低窒素区ではなぜ水稲根のマイクロビオームに上述のような変化が現れるのであろうか？窒素肥料の土壌への無施用が原因であるので，土壌の性質を通じて水稲根マイクロビオームの変化が起っているはずである．この疑問は，有機農業などにも関わる共通点があるように考えている．そこで，低窒素区（LN）と慣行窒素区（SN）の水田土壌の微生物多様性を16S rRNA遺伝子のパイロシーケンスによる解析を行った（図2）．その結果，両者の微生物群集構造の間に，わずかな相違があったものの，全体としてはほとんど差が認

められなかった（Ikeda et al., 2014）. その理由として，(i) 土壌は団粒構造を持っており，イネ根にアクセスしやすい微生物群とアクセスしにくい微生物群が存在している可能性，(ii) 現在の次世代シーケンサーの解析能を持っても極めて多様な土壌微生物の評価ができていない可能性が考えられる. しかし，これは農業に関わる土壌微生物研究にとって大変重要な課題であり，今後粘り強く研究を進めて行く必要がある.

非マメ科植物であるイネの *CCaMK* 遺伝子が，根粒菌や菌根菌以外の微生物共生やその窒素固定などの機能に影響していることは，植物—微生物相互作用の研究分野にも波紋を投げかけている（Evangelisti et al., 2014）. 植物科学の専門家から，細胞内共生以外の微生物がCCaMKタンパク質を介したシグナルを生産している可能性や植物ホルモンのアブシジン酸や活性酸素を介した根のマイクロビオームの制御に関わっている可能性が議論されている（Evangelisti et al., 2014）. その関係で，本稿で紹介したタイプII型のメタン酸化細菌は大変興味深い研究対象である. 本菌は，メタンガスを唯一のエネルギー源および炭素源として生育するので取り扱いが難しいが，植物—微生物相互作用の科学や，水稲の持続的生産という視点でも今後の重要な研究対象になると思われる.

4. ダイズ根圏の N_2O 発生機構と根粒菌による削減

マメ科作物の根粒根圏は温室効果ガス N_2O 発生のホットスポットで，農業活動からの発生量が多く，その削減が求められている. そこで，以後筆者らの実施してきたダイズ根粒菌の N_2O 還元酵素遺伝子 *nosZ*，根圏微生物コミュニティーの N_2O 代謝の分子微生物生態学的な N_2O 発生メカニズムの解明と，その低減化技術シーズについて紹介したい.

(1) ダイズ根粒菌の脱窒遺伝子と N_2O パラドックス

ダイズ根粒菌（*Bradyrhizobium japonicum*）は共生窒素固定だけでなく，その逆過程の脱窒能力も示す. *B. japonicum* USDA110株は，硝酸イオンから窒素ガス（N_2）までの還元（$NO_3^- \rightarrow NO_2^- \rightarrow NO \rightarrow N_2O \rightarrow N_2$）を行い，各ステップの反応を担う還元酵素遺伝子（*napAB, nirK, norCB, nosZ*）を保有していた（図9）（Kaneko et al., 2002）. しかし，ダイズ根粒菌では，最終産物が N_2 の完全脱窒

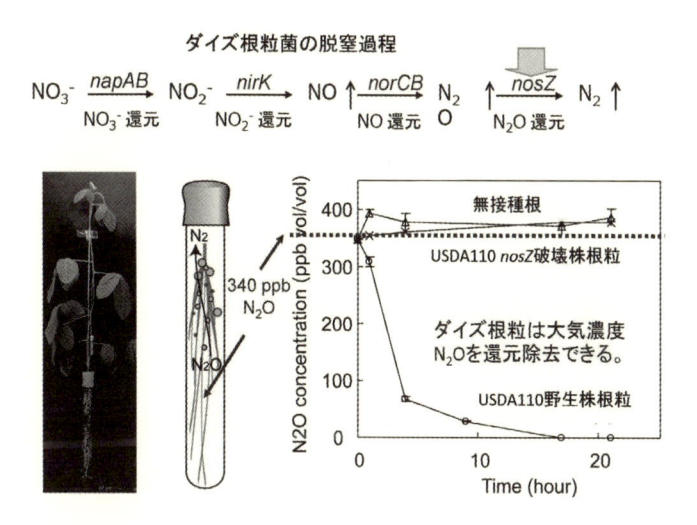

図9 ダイズ根粒菌の脱窒過程とnosZ保有株(USDA110)のN$_2$O還元除去能
(Sameshima et al. 2006b)

型, N$_2$Oまでの脱窒型, 脱窒を示さない菌株が存在している(Sameshma-Saito et al., 2006a, Kaneko et al., 2011). 日本の土着ダイズ根粒菌株の脱窒遺伝子を調べたところ, N$_2$O還元酵素遺伝子 nosZ を保有している BJ1 系統（現在の Bradyrhizobium diazoefficiens）と非保有の BJ2 系統（現在の Bradyrhizobium japonicum）が存在していることが分かった（Sameshma-Saito et al., 2004, Sameshma-Saito et al., 2006a, Itakura et al., 2009). 日本の 32 土壌の土着ダイズ根粒菌を調べたところ, 面白いことに黒ボク土壌には nosZ の BJ2 系統が優占していることが明らかとなった（Shiina et al, 2014).

まず, N$_2$O還元酵素が nos 遺伝子群に担われているか調べた. USDA110 株の nosZ 遺伝子破壊株は N$_2$O還元酵素活性を失い, その nos 相補は N$_2$O還元酵素活性を回復した（Sameshma-Saito et al., 2006). さらに, USDA110 株により形成された根粒は ^{15}N-N$_2$O を定量的に ^{15}N-N$_2$ に変換した. 驚いたことに, USDA110 株の根粒は大気中に微量に含まれている N$_2$O ガス（340 ppb）をも吸収還元した（図 10）（Sameshma-Saito et al., 2006).

上記の実験結果は，ダイズ根粒が少なくとも大気 N_2O の強力なシンクであることを示している．一方，農耕地の環境科学分野では，ダイズも含めたマメ科作物圃場から N_2O が放出されていることが報告されている．これをダイズ根粒根圏の N_2O パラドックスと名付けた．そこで，東北大学の鹿島台圃場のダイズ根系からの N_2O 発生を測定したところ，老化根粒からの N_2O 発生がその原因であった（図11）（Inaba et al., 2009）．

(2) 老化根粒の生物群集と根粒菌硝酸還元

　N_2O が発生している老化根粒，発生していない新鮮根粒，根から DNA を抽出し，生物群集構造解析を行った．その結果，種々の脱窒細菌，脱窒カビが検出された（図10）（Inaba et al., 2009）．また，原生動物や線虫のシグナルも検出された．これらの結果より，特有な土壌生物相が老化根粒内外で一過的に形成されているものと考えられた．硝化阻害剤，硝酸の添加実験により，N_2O が発生している老化根粒では，硝化と脱窒が起こっている証拠が得られた（Inaba et al., 2009）．

　N_2O 還元酵素遺伝子を保有するダイズ根粒菌 *B. japonicum* USDA110 と脱窒

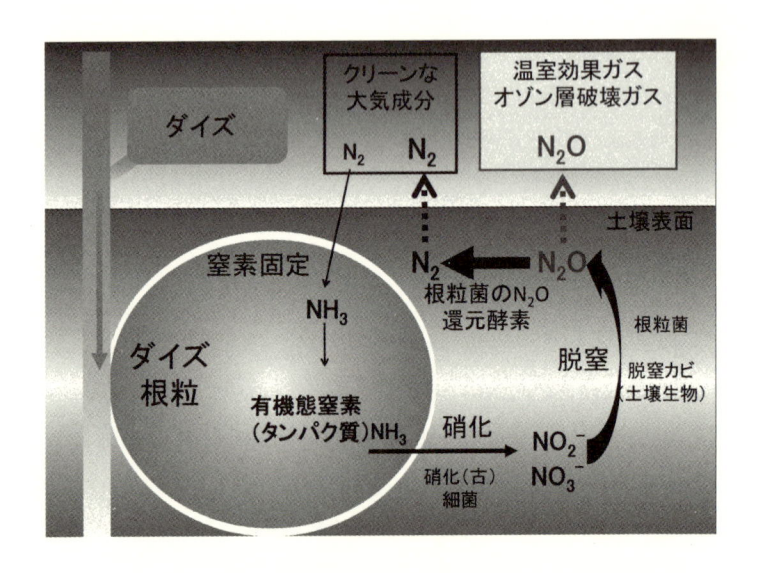

図10　根粒根圏の N_2O 発生メカニズム

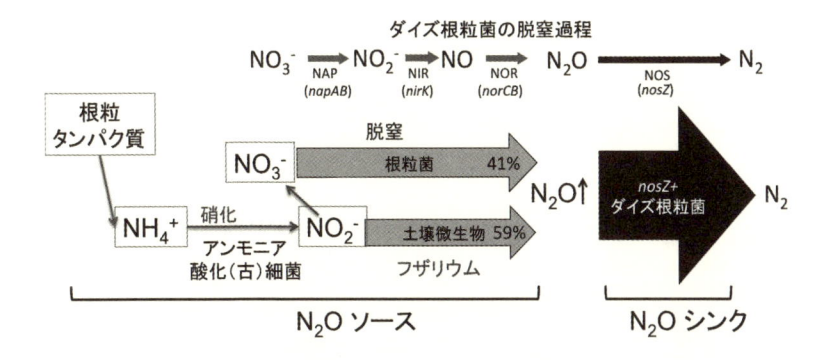

図11 ダイズ根圏の N_2O 代謝のまとめ

遺伝子変異株を接種してダイズを無菌的に栽培し，30日後に（i）土壌添加処理，（ii）地上部切除と土壌添加の同時処理を行った．その結果，土壌添加と地上部切除の同時処理を行ったダイズの根粒のみ，顕著な N_2O 発生が見られた（Inaba et al., 2012）．安定同位体 ^{15}N で標識した根粒が老化した際に放出される N_2O ガスの ^{15}N 濃度は根粒の ^{15}N 濃度と等しかったので，根粒根圏から発生する N_2O の起源は根粒窒素であることが明らかとなった（Inaba et al., 2012）．また，最終脱窒産物が N_2 である USDA110 株を接種源とした根粒からは N_2O は発生しなかったが，N_2O 還元酵素遺伝子 nosZ を欠損した根粒菌接種で形成された根粒からは N_2O が発生した．また，nosZ 欠損の遺伝的バックグラウンドで，亜硝酸還元酵素遺伝子 nirK 変異株を接種源とした根粒からは親株の約半分の N_2O 発生が観察された．したがって，N_2O 発生源（ソース）としてダイズ根粒菌と未知の土壌生物の両方が関与していること，nosZ 遺伝子を保有しているダイズ根粒菌がもっぱら N_2O 吸収源（シンク）であることが明らかとなった（図11）（Inaba et al., 2012）．

(3) N_2O 還元活性の高いダイズ根粒菌と N_2O 発生低減化

ダイズ根粒根圏から放出される N_2O 発生を削減するために，N_2O 還元酵素活性の高いダイズ根粒菌（nos 強化株，nosZ++）の作出をプロモーター強化及び不均衡変異導入（Itakura et al., 2008）の2つのアプローチで作製した（図12）．その結果，野生型と比較し，いずれの株でも N_2O 還元酵素活性の顕著な上昇が認め

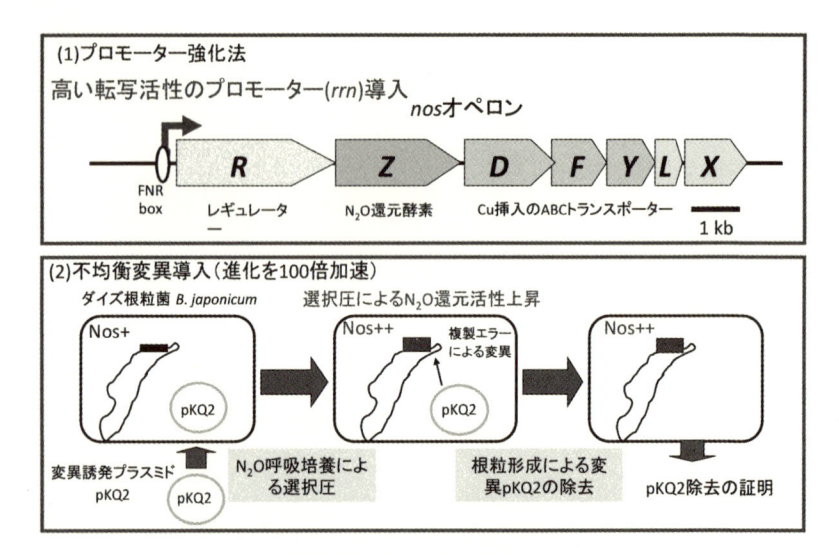

図12 N₂O還元酵素活性強化根粒菌の二つの作出方法

られた（Itakura et al., 2008）．無菌ポット系及び nosZ を保有していない根粒菌（nos-株）が優占している土壌に，N₂O還元酵素活性の上昇した nosZ++株を接種したところ，根粒老化過程における N₂O 発生の有意な低減化が観察された（Itakura et al., 2013）．特に，10 ppm N₂O 雰囲気中では，nosZ++株根粒根圏のみで N₂O の取込みが見られた．不均衡変異導入により作成した nosZ++株を実験圃場で試験したところ，根粒老化が起きる収穫期以降にダイズ根圏から発生する N₂O が半減した（Itakura et al., 2013）．これは，圃場レベルの微生物接種により温室効果ガス削減に世界で初めて成功した研究として評価された．

（4）N₂O還元活性上昇機構と今後の根粒根圏研究

不均衡変異導入により作成した nos 強化株（nosZ++株）の N₂O 還元活性上昇の原因解明は，nos 遺伝子群の発現制御機構の解明にもつながると考えられる．そこで，脱窒遺伝子群，酸素シグナル系 FixLJ-FixK2-NnnR，酸化還元シグナル系 RegSR-NifA の転写制御系に着目し，野生株（USDA110）と nos 強化株（5M09）の発現解析等を行ったところ，異化的硝酸還元酵素遺伝子 nap と N₂O還元酵素遺伝子 nos の発現を抑制する新規のシグナル系の存在することが明らかとなった

(Sanchez et al., 2013). ゲノム解析により，その原因遺伝子は nasST という硝酸同化の二成分制御系の硝酸（亜硝酸）センサーをコードする nasS 遺伝子であり，N_2O 還元酵素遺伝子 nosZ の新規の転写制御系の発見に至った．(Sanchez et al., 2014)．

根粒根圏から放出されるN_2Oは，おそらく根粒タンパク質を物質的な起点として，土壌生物によるアンモニア化，硝化，脱窒と，根粒菌による N_2O 還元のバランスにより生成すると考えられる（図 11）．通常のダイズ圃場では，収穫期以降に多量の N_2O が発生するが，施肥窒素レベルが高い場合は，収穫期以前でもダイズが吸収した硝酸態窒素から N_2O が発生するポテンシャルはある（Hirayama et al., 2011）．今後，アンモニア化，硝化，脱窒の各過程を担っている微生物の同定と窒素形態変化の解明を目指したい．また，日本だけでなく，ブラジルなどの海外の農耕地から生成するN_2Oの有効な生物学的防止策として，N_2O 還元酵素活性の高いダイズ根粒菌の高速作出法とそれらの接種効果等についてさらに検討したいと考えている．

5. 持続的農業へ向けた微生物研究

本稿では「水稲根のメタン酸化細菌とイネ共生遺伝子の相互作用」と「ダイズ根圏におけるN_2O発生機構と根粒菌による削減」に関する研究を紹介してきたが，いずれも独創性の高い研究であると思う．最大の特徴は，研究対象とする圃場で起きている現象をその出発点として，現代の微生物生態学的な手法やメタゲノム解析で研究を進め，農耕地で起きている微生物が関与する物質循環過程の一端を明らかにすることができたことである．特に前者の水稲根の研究では，メタゲノム解析は機能遺伝子の予測にとどまらず，得られたメタゲノムデータベースがメタプロテオーム解析による窒素固定菌の同定の基盤にもなった．つまり，メタゲノム解析結果を少なくとも 2 回利用できたことになる．また，イネの共生遺伝子との相互作用，メタン酸化細菌の重要性の再発見など，農耕地生態系を巡って関連分野との接点が広がってきた．後者のダイズ根圏の研究では，細菌脱窒系制御の分子生物学という基礎分野と根粒菌接種による地球環境保全という応用分野の両方にインパクトのある成果を出しつつある．したがって，農耕地に生息してい

る微生物の多様性とそれらの物質循環能の研究は,農学の総合化という視点からも大変重要であると筆者は考えている.

謝　辞

　水稲根マイクロビオーム研究は,池田成志氏（現北農試）,佐々木和浩氏（現東京大学）,大久保卓氏（現農環研）,包智華氏（現内蒙古大学）,笠原康裕氏（北海道大学）氏が,ダイズ根圏研究は,板倉学氏（東北大学）,稲葉尚子（現奈良先端大学）,森内真人（東北大学）,Cristina Sanchez（東北大学）,早津雅仁氏（農環研）,秋山博子氏（農環研）が主に遂行した.ここに謝意を表したい.

引用文献

秋山博子 2013. 土壌から発生する温室効果ガスーメタンと一酸化二窒素, 遺伝, 67:547-554.

Bao, Z., A. Watanabe, K. Sasaki, T. Okubo, T. Tokida, D. Liu, S. Ikeda, H. Imaizumi-Anraku, S. Asakawa, T. Sato, H. Mitsui, and K. Minamisawa 2014a. A rice gene for microbial symbiosis, *Oryza sativa CCaMK*, reduces CH$_4$ flux in a paddy field with low nitrogen input. Appl. Environ. Microbiol. 80:1995-2003.

Bao, Z., T. Okubo, K. Kubota, Y. Kasahara, H. Tsurumaru, M. Anda, S. Ikeda, and K. Minamisawa 2014b. Metaproteomic identification of diazotrophic methanotrophs, and their tissue localization in field-grown rice roots. Appl. Environ. Microbiol. 80:5043-5052.

Evangelisti, E., T. Rey, and S. Schornack 2014. Cross-interference of plant development and plant-microbe interactions. Current Opinion in Plant Biology 20:118-126.

Hirayama, J., S. Eda, H. Mitsui, and K. Minamisawa 2011. Nitrate-dependent N$_2$O emissions from intact soybean nodules via denitrification by *Bradyrhizobium japonicum* bacteroids. Appl. Environ. Microbiol. 77:8787-8790.

Ikeda, S., T. Kaneko, T. Okubo, L. E. Rallos, S. Eda, H. Mitsui, S. Sato, Y. Nakamura, S. Tabata, and K. Minamisawa 2009. Development of a bacterial cell enrichment method and its application to the community analysis in soybean stems. Microb. Ecol. 58:703-714.

Ikeda, S., T. Okubo, M. Anda, H. Nakashita, M. Yasuda, S. Sato, T. Kaneko, S. Tabata, S. Eda, A. Momiyama, K. Terasawa, H. Mitsui, and K. Minamisawa 2010. Community- and genome-based views of plant-associated bacteria: Plant-bacterial interactions in soybean and rice. Plant Cell Physiol. 51:1398-1410.

Ikeda S., T. Okubo, N. Takeda, M. Banba, K. Sasaki, H. Imaizumi-Anraku, S. Fujihara, Y. Ohwaki, K. Ohshima, Y. Fukuta, S. Eda, H. Mitsui, M. Hattori, T. Sato, T. Shinano, and K. Minamisawa 2011. *OsCCaMK* genotype determines bacterial communities in

第 6 章 微生物ゲノム情報を圃場で活かす （ 101 ）

rice roots under paddy and upland field conditions. Appl. Environ. Microbiol. 77:4399-4405.
Ikeda, S., K. Sasaki, T. Okubo, A. Yamashita, K. Terasawa, Z. Bao, D. Liu, T. Watanabe, J. Murase, S. Asakawa, S. Eda, H. Mitsui, T. Sato, and K. Minamisawa 2014. Low nitrogen fertilization adapts rice root microbiome to low nutrient environment by changing biogeochemical functions. Microbes Environ. Microbes Environ. 29:50-59.
Inaba, S., K. Tanabe, S. Eda, S. Ikeda, A. Higashitani, H. Mitsui, and K. Minamisawa 2009. Nitrous oxide emission and microbial community in the rhizosphere of nodulated soybeans during the late growth period. Microbes Environ. 24:64-67.
Inaba S, F. Ikenishi, M. Itakura, M. Kikuchi, S. Eda, N. Chiba, C. Katsuyama, Y. Suwa, H. Mitsui, and K. Minamisawa 2012. N$_2$O emission from degraded soybean nodules depends on denitrification by *Bradyrhizobium japonicum* and other microbes in the rhizosphere. Microbes Environ. 27:470-476.
Itakura, M., K. Tabata, S. Eda, H. Mitsui, K. Murakami, J. Yasuda, and K. Minamisawa 2008. Generation of *Bradyrhizobium japonicum* mutants with increased N$_2$O reductase activity by selection after introduction of a mutated *dnaQ* gene. Appl. Environ. Microbiol. 74:7258-7264.
Itakura, M., K. Saeki, H., Omori, T. Yokoyama, T. Kaneko, S. Tabata, T. Ohwada, S. Tajima, T. Uchiumi, K. Honnma, K. Fujita, H. Iwata, Y. Saeki, Y. Hara, S. Ikeda, S. Eda, H. Mitsui, and K. Minamisawa 2009. Genomic comparison of *Bradyrhizobium japonicum* strains with different symbiotic nitrogen-fixing capabilities and other Bradyrhizobiaceae members. ISME J. 3:326-339.
Itakura, M., Y. Uchida, H. Akiyama, Y. Takada-Hoshino, Y. Shimomura, S. Morimoto, K. Tago, Y. Wang, C. Hayakawa, Y. Uetake, C. Sa´nchez, S. Eda, M. Hayatsu, and K. Minamisawa 2013. Mitigation of nitrous oxide emissions from soils by *Bradyrhizobium japonicum* inoculation. Nature Climate Change 3:208-212.
Kaneko, T., Y. Nakamura, S. Sato, K. Minamisawa, T. Uchiumi, S, Sasamoto, A. Watabnabe, K. Idesawa, M. Iriguchi, K. Kawashima, M. Kohara, M. Matsumoto, S. Shimpo, H. Tsuruoka, T. Wada, M. Yamada, and S. Tabata 2002. Complete genomic sequence of nitrogen-fixing symbiotic bacterium *Bradyrhizobium japonicum* USDA110. DNA Research. 9:189-197.
Kaneko, T., H. Maita, H. Hirakawa, N. Uchiike, K. Minamisawa, A. Watanabe, and S. Sato 2011. Complete genome sequence of the soybean symbiont *Bradyrhizobium japonicum* strain USDA6^T. Genes 2:763-787.
Sameshima-Saito, R., K. Chiba, and K. Minamisawa 2004. New method of denitrification analysis of *Bradyrhizobium* field isolates by gas chromatographic determination of 15N-N2. Appl. Environ. Microbiol. 70:2886-2891.
Sameshima-Saito, R., K. Chiba, and K. Minamisawa 2006a. Correlation of denitrifying capability with the existence of *nap, nir, nor* and *nos* genes in diverse strains of

soybean bradyrhizobia. Microbes Environ. 21:174-184.

Sameshima-Saito, R., K. Chiba, J. Hirayama, M. Itakura, H. Mitsui, S. Eda, and K. Minamisawa 2006b. Symbiotic *Bradyrhizobium japonicum* reduces N$_2$O surrounding the soybean root system via nitrous oxide reductase. Appl. Environ. Microbiol. 72:2526-2532.

Sanchez, C., M. Itakura, H. Mitsui, and K. Minamisawa 2013. Linked expression of *nap* and *nos* genes in a *Bradyrhizobium japonicum* mutant with increased N$_2$O reductase activity. Appl. Environ. Microbiol. 79:4178-4180.

Sanchez, C., M. Itakura, T. Okubo, T. Matsumoto, H. Yoshikawa, A. Gotoh, M. Hidaka, T. Uchida, and K. Minamisawa 2014. The nitrate-sensing NasST system regulates nitrous oxide reductase and periplasmic nitrate reductase in *Bradyrhizobium japonicum*. Environ. Microbiol. 16:3263-3274.

Shiina, Y., M. Itakura, H. Choi, Y. Saeki, M. Hayatsu, and K. Minamisawa. 2014. Correlation between soil type and N$_2$O reductase genotype (*nosZ*) of indigenous soybean bradyrhizobia: *nosZ*-minus populations are dominant in Andosols. Microbes Environ. 29:420-426

用語説明

1. マイクロビオーム：着目した環境に生息する微生物の総体を意味する。最も有名なのが、ヒトの体内と体表面に生息している微生物全体をヒューマンマイクロビオームと呼ばれ、ヒトの健康や老化との関係で盛んに研究が行われている。本稿では、同じような意味で、植物体と表面に生息している微生物全体をプラントマイクロビオームとしたい。

2. *CCaMK*：根粒菌の感染に必須なマメ科植物のシグナル伝達の遺伝子の一つであり、根粒共生のみでなく、菌根菌共生にも必須である。根粒菌や菌根菌が生産するオリゴ糖シグナルにより植物根で Ca 濃度変化のオシレーションが起こるが、そのデコーダータンパク質をコードしていると言われている。非マメ科植物のイネにも *CCaMK* が存在し、菌根共生に必須であることが報告されている。

3. タイプ II 型メタン酸化細菌：メタン酸化細菌とはメタンを酸化してエネルギーを獲得する細菌で、ガンマプロテオバクテリアに属するタイプ I 型と根粒菌が含まれるアルファプロテオバクテリアに属するタイプ II 型メタン酸化細菌が知られている。イネ根にはタイプ II 型が、土壌にはタイプ I 型が多いとされている。

4. CARD-FISH 法：細菌の 16SrRNA 遺伝子をターゲットとしたハイブリダイゼーションで目的とする細胞を高感度に蛍光染色する手法で、培養が困難な環境細菌の細胞レベルの検出に微生物生態学分野で利用されている手法である。

第7章
家畜のゲノム編集
―地球と共生する食料や医薬品の生産系をめざして―

柏崎直巳
麻布大学

はじめに

　我々人類が直面する地球規模の大きな課題として、食料増産と環境保全がある。ともに私達が健康で、豊かで、そして快適な生活をおくるためには、解決していかなければならないものである。しかし、地球規模での人口増加や地球温暖化、砂漠化、塩害などの地球環境の変化にともない、その環境に対応した食料の増産はたいへん難しいことが予想される。また、人類の「食」に対する要求はさらに高まり、より安全で、より安心で、さらに美味しいものを求めるであろう。
　畜産は、その飼料原料から、主要穀物生産や牧草生産との関連が深く、また、主要食品の副産物や食品残渣を畜産物に転換する重要な機能を有していることから、非常に重要な食料生産の一部を担っている。さらに、新興国の経済発展にともない、畜産物需要の急激な増加が見込まれている（United Nations Food and Agriculture Organization 2009）。
　このように我々は、地球規模での多くの複雑な課題をかかえながら、地球との共生という観点を大切にして、今後、持続可能かつ生産量を増加させることのできる畜産を展開していかなくてはならない。同時に、地球環境の変化に対応し、環境汚染や温室効果ガス排出の抑制などにも配慮した家畜生産が求められているのである。さらには、家畜に対する福祉やトリインフルエンザに代表される人獣

共通感染症に対する公衆衛生にも配慮した生産システムの構築も求められている．
　このような難題が山積するなかで，これらの条件を克服し，要求を満たしながら，持続可能かつ生産量を増加させることのできる畜産を実現していくためには，大きな技術革新を要するものと考えられる．これまで，我々人類は，長い歴史を重ねて培った伝統的な農業を発展させながら営み，生産能力の高い家畜を作りあげてきた．そして，生産作業の機械化などにより生産性を高め，人工授精，精液の凍結保存，胚移植などの技術革新によって，家畜をより一段と能力の高い動物に改良してきた．今後，人類が地球と共生していくために，さらに直面するこれらの地球規模の食料増産や環境問題を克服していくためには総合的な改革が必要となる．さらに，家畜や飼料原料としての作物に対して新たな能力や機能を付加させるような革新的な改良も必要となるであろう．その1つの解決手段として，家畜の遺伝子改変による生産能力の改良をあげることができる．
　家畜における遺伝子改変は，1980年代に始まり，研究の初期段階では，トランスジーン（導入遺伝子）を導入し，家畜の形質を改変しようとするものであった．
　同じくこの1980年代，実験動物のマウスでは，導入遺伝子をゲノムへ組込むだけではなく，特定の遺伝子に対して修飾を加え，個体レベルで特定遺伝子の機能欠損（KO）させた動物の作出システムが構築され，分子遺伝学の進展とともに，生命科学や医学の進展に大きく貢献した．
　家畜においても有望なツールであることから，このようなKO家畜を作出する研究が展開され，マウスで樹立可能な胚性幹（embryonic stem: ES）細胞株を家畜で樹立しようとする研究が盛んに行われたが，その成功例が報告されることはなかった．そして，1996年に体細胞クローンヒツジの「ドリー」の誕生（Wilmut et al. 1997）が報告され，家畜においては，体細胞から個体を作出するシステムをKO家畜作出システムとして応用する新たな遺伝子改変法が示された．しかし，体細胞クローン個体の発生率や体細胞での相同組換え率が低いことが大きな問題として残った．それにもかかわらずKO家畜の価値が高いことから，この核移植を介した手法によって，効率的とはいい難いシステムが適用され，特定の遺伝子に対する修飾が行われてきた．
　最近開発されたゲノム編集技術は，その解決策になりうるものと期待されてい

る．このゲノム編集技術とは，ゲノムの特定部位を切断できる人工制限酵素を用いて特定のゲノム配列に対してゲノムの「置換，挿入，削除」する技術である．この技術の適用によって個体レベルで比較的簡単に，特定遺伝子への修飾が可能であることが示された．今後，様々な分野において，生物の特定ゲノムに対する修飾が可能となることから，農学や生命科学への応用が期待されている．特に，再生医学とこのゲノム編集技術の進展によって，生産性が高く，サイズの大きな家畜を医療へ応用する分野も進展するものと考えられる．

1. 家畜における遺伝子改変

家畜における遺伝子改変は 1980 年代に開発がはじまり，家畜の生産性およびその生産物の質的および量的な改良の目的で，遺伝子改変家畜が作出された（Hammer et al. 1985）．対象となった家畜の形質は，成長促進に関連する因子や肉の脂肪含量など（Whitelaw et al. 1999），さらには消化能力（Golovan et al. 2001）や抗病性の付与（Wall & Seidel Jr 1992; Wheeler & Walter 2001）などであった．さらに，家畜をヒト医療への応用動物として，生理活性物質などを効率的で安全に家畜で生産するバイオリアクターとして（Wilmut & Whitelaw 1994; Houdebine 2000），あるいはヒトへの臓器移植のためのドナーとしてのブタ（Lai et al. 2002）としてなど，様々な分野での研究開発が展開されてきた．

家畜における遺伝子改変に関する研究の初期段階では，家畜受精卵の前核へ導入遺伝子を顕微鏡下で微量注入する方法が適用された．この方法では，導入遺伝子を注入した受精卵の1％前後が胚移植を介して遺伝子改変家畜として誕生するが，非常に多くのコストと時間を必要とした．さらには，導入遺伝子がランダムに家畜のゲノムに組込まれることから，特定遺伝子への修飾法としては十分なものではなかった．すなわち，導入遺伝子が家畜のゲノムへランダムに挿入されるだけで，しかも，その作出効率は低く，マウスと同様に，特定遺伝子への修飾法の開発が求められ，その解決法の1つとしてゲノム編集が大いに注目されている．

2. 遺伝子改変家畜の作出目的

家畜は本来，食料生産を担う動物で，その改良の主目的は，その生産性，生産

物の質的および量的な改善などである．しかし，これまでに遺伝子改変家畜の生産物の実用化には至っていない．一方，家畜の生産性の高さ，ボディサイズの大きさ，飼養や繁殖を制御する方法が確立されていることなどの点から，生命科学分野やヒトの医療分野などの応用動物としての価値は高く評価されるようになった．例えば，肉用家畜のブタは食肉処理場にて安楽死させて食用に供していること，その飼養に際しては人間が衛生面を含めた環境を制御していること，さらにはブタの臓器がヒトの臓器と類似性が高いこと（Hammer 2004; Lind et al. 2007）などの理由によって，ヒト医療への応用動物として社会から受け入れられやすく，その役割の重要性が増している．

2-1) 家畜の改良

家畜へ新たな形質を獲得させ，その畜産物の生産効率を改良，あるいは畜産物の改良を目的とした研究が行われてきた．

ウシでは，ニュージーランドの研究グループがミルク中のタンパク質を増量させたホルスタインを遺伝子改変技術によって作出している（Brophy et al. 2003）．これはチーズ生産用乳牛としての改良の可能性を示している．

ブタでは，成長関連因子のタンパク質を適切なレベルで発現させると成長が早くなるばかりでなく，その生産物の豚肉も赤身量が増加し，かつ脂肪量が減少することが示されている（Hammer et al. 1985; Wheeler & Walter 2001）．また，近畿大学を中心とした研究グループは，ブタにホウレンソウ由来脂肪酸産生酵素の遺伝子を導入し，その豚肉中に植物中に存在する脂肪酸（リノール酸）を含有させること（Saeki et al. 2004），すなわち畜産物の質的な改良に成功している．さらに，養豚産業にとって排泄物の処理は非常に大きな問題となっている．この環境問題の1つの解決策として，糞中の有機リンを分解させる消化酵素のフィターゼ（ブタが本来所有していない消化酵素）を唾液腺で発現させて，分泌させることにより，排泄物中のリン含有量を低減化させることがカナダの研究グループによって実証されている（Golovan et al. 2001）．

2-2) バイオリアクター

ヒトの治療用あるいは生命科学における試薬として価値のあるタンパク質を効率的に生産させる方法として，動物，特に家畜のミルクや血液中に目的のタンパ

ク質を作らせる方法が実用化されている．哺乳動物を対象生物としたこのバイオリアクターは，「動物工場」ともよばれている．この応用には，乳腺などで発現するプロモーターと生産させるタンパク質の構造遺伝子とを結合させ，このキメラ遺伝子を作製して導入遺伝子として遺伝子改変動物を作出する．そして，目的のタンパク質を乳腺などの特定組織で発現させミルク中や血液中へ目的のタンパク質を生成させるものである．さらに，遺伝子レベルのみならず染色体レベルでヒト遺伝子をウシに導入してヒト化させ，ヒト抗体を効率的に生産する遺伝子改変ウシの作出にも成功している（Kuroiwa *et al.* 2009）．このような「動物工場」によるヒト治療用タンパク質の生産には多くの利点がある．それは，生産コストの低減，ウィルスなどの病原体の混入・汚染の回避，目的タンパク質への糖鎖付加などのタンパク質翻訳後の修飾が可能な点である．これまでに，家畜のミルク中や血液中へヒトの治療薬として機能する生理活性タンパク質を生産する遺伝子改変家畜が作出され（Houdebine 2000），すでにその一部は産業化され，従来のヒト血液などから抽出する生産系よりも効率的で，安価で，しかも疾病感染リスクを低減させることを可能にした．

2-3）ヒト臓器移植のドナーを目指した遺伝子改変ブタ

　ヒト臓器不全の治療法として「臓器移植」による治療が行われている．この治療法の大きな問題点として，提供臓器不足と移植後の拒絶反応がある．これらの問題を解決するために，ヒトへの臓器移植提供を動物で代替しようとする「異種移植」の試みが展開されている．この目的のために，遺伝子改変技術によってヒト臓器提供用のドナーとしての遺伝子改変家畜を開発しようとするものである．すでにその対象家畜は，ヒトとの臓器形態・機能の類似性，家畜としての非常に長い利用の歴史があることや倫理的理解が得られやすいなどの理由から，ブタを対象に行うことを関連学会が決めている．ブタの臓器をヒトへ移植すると，移植されたブタの臓器は，すぐにその機能を失う．これは，ヒトがもっているブタ細胞に対する抗体が，移植された臓器の細胞と抗原抗体反応をおこし，これが原因で移植された臓器が機能しなくなる．この反応が最初におきる拒絶反応（超急性拒絶反応）である．この拒絶反応を回避するためには，「ヒトがもつブタ細胞に対する抗体が反応するブタ細胞の抗原がないような遺伝子改変ブタを作出すれば，

この超急性拒絶反応はおきない」，この考えに基づいた遺伝子改変ブタ，すなわちその抗原を生成しない KO ブタが「体細胞クローン法」によって作出された (Ramsoondar et al. 2003).

さらに, induced pluripotent stem (iPS) 細胞の創出 (Takahashi et al. 2006) にともない，未分化な細胞株から特定の組織あるいは器官を分化形成させて，その細胞や組織を治療に用いようとする再生医学が著しい進歩をとげ，家畜をその器官形成の場として利用してヒト未分化細胞由来の組織あるいは器官を形成させようとする研究も展開され (Matsunari et al. 2013), 家畜が医療用の新たな応用動物としての役割を担いはじめた．

3. 個体レベルでの特定遺伝子修飾法

哺乳類の個体レベルでゲノムの特定遺伝子機能を欠損させることにより，個体レベルでのその遺伝子の機能を調べることができるだけでなく，たいへん強力なツールとして様々な応用の可能性が示唆されてきた．従来，この特定遺伝子機能を欠損させるには, ES 細胞などの配偶子へ分化しうる未分化細胞株を樹立し (Evans & Kaufman 1981), この細胞に対して相同組換え技術 (Smithies et al. 1985) を適用し，目的の特定遺伝子機能欠損した細胞株を選択し，生殖補助技術を用いて，その選択細胞と初期胚を集合させてキメラ胚を作製する．そして，そのキメラ胚から，胚移植を介してキメラ個体を誕生させ，その子孫を選抜することによって特定遺伝子機能を欠損させた KO 個体を利用することとなる (Thomas & Capecchi 1987). したがって，利用まで非常に長い時間と多大なる労力と経費を要する．しかも，この手法を適用しうる未分化細胞株は，基本的にはマウスおよびラットだけしか樹立されていない．しかし，その遺伝子改変動物の意義が生命科学上で非常に高く評価され，この遺伝子改変動物作出システムは 2007 年のノーベル生理・医学賞に輝いている (Evans & Kaufman 1981; Smithies et al. 1985; Thomas & Capecchi 1987).

この特定遺伝子修飾法には動物種の壁が存在し，マウスおよびラットでしかこの手法に適用しうる ES 細胞株が樹立されていない．家畜のブタにおいては, ES 細胞株樹立の材料として用いる内部細胞塊細胞を胚盤胞へ注入する胚盤胞注入法

によってキメラブタが作出されている（Kashiwazaki et al. 1992）ものの，配偶子へ分化しうる ES 細胞株の樹立成功例は報告されていない．

　家畜において，個体レベルで特定ゲノムを修飾するためには，上記の技術的な問題を克服する必要があることから，「体細胞核移植」（体細胞クローン）技術（Wilmut et al. 1997）が適用された．この手法では，家畜の体細胞株を樹立し，その細胞株へ相同組換えなどの遺伝子操作によって目的遺伝子を KO などの修飾を施し，その遺伝子修飾細胞株を選別する．この細胞株の細胞を「核移植」のドナー細胞として用い，除核した未受精卵細胞質へ核移植する．その核移植胚（再構築胚）を仮親へ胚移植して目的の遺伝子改変家畜を作出する．この「核移植」を利用した手法においても作出した個体は，体細胞クローン個体であることから，その作出率が低いことやその個体の異常などが問題となる．さらには，非常に高度な複合技術を要するばかりか，多大な経費も必要となる．しかしながら，ヒトへの異種移植臓器ドナーの開発を目的とした遺伝子改変ブタは，その研究上の意義や応用価値がとても高いことから，この核移植を介した手法で多くの遺伝子改変ブタが作出されている（Whyte & Prather 2011）．

4. ゲノム編集による家畜における特定遺伝子修飾

　このような背景から，ES 細胞や体細胞核移植を介さないで，高効率な個体レベルでの遺伝子修飾，特に KO 動物の作出技術の開発が熱望されていた．

　最近，ゲノム編集技術を適用し，すなわち人工制限酵素をコードした DNA や RNA を受精卵や初期胚へ顕微注入やその他の導入法によって，特定の遺伝子に対して直接的に人工制限酵素を機能させることによって，遺伝子改変した KO 動物や特定遺伝子領域へ導入遺伝子を挿入するノックイン動物を効率的かつ簡便に，しかも動物種の制限を受けることなく作出することがラットで報告された（Mashimo et al. 2010）．そして，この直接ゲノム編集法は，従来の手法と比べて，時間的にも労力的にも高効率で，簡便に，安価に，KO 動物を作出する手法である可能性が示された（図 1）．また，核移植法（図 1）における，効率の低かった体細胞に対する特定遺伝子の相同組換え技術に替わる効率的な遺伝子修飾法としても有望である（表 1）．

```
従来法（マウス・ラット）           核移植法              直接ゲノム編集法

胚性幹細胞(ES細胞)株              体細胞株              受精卵/初期胚
    ↓                            ↓                     ↓
特定遺伝子修飾                   特定遺伝子修飾          人工ヌクレアーゼの導入
（相同組換え）                  （相同組換え or
    ↓                         人工ヌクレアーゼ）
  選抜                            ↓                     ↓
    ↓                           選抜                   （選抜）
胚との集合(キメラ胚作出)            ↓                     ↓
    ↓                           胚移植                   胚移植
  胚移植                          ↓                     ↓
    ↓                         KO個体の選抜             KO個体の選抜
 キメラ個体                       ↓                     ↓
    ↓                          KO個体                   KO個体
キメラ個体の子孫どうしの交配
    ↓
 KO個体の選抜
    ↓
   KO個体
```

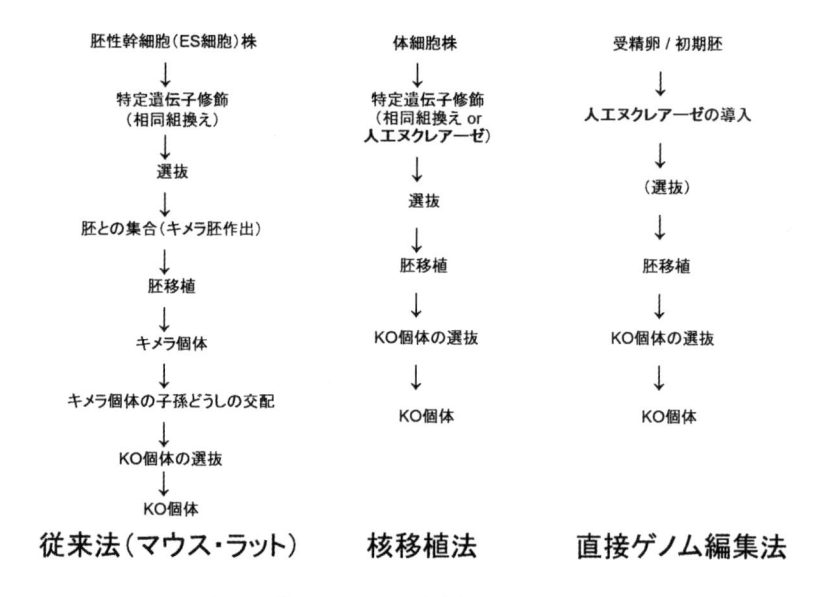

図1　個体レベルでの特定遺伝子修飾法の比較

　従来，このような特定遺伝子に対する遺伝子の修飾を施した遺伝子改変動物の作出は，目的の遺伝子を修飾したマウス胚性幹細胞株の確立と生殖工学技術が応用され，多大な労力と時間を費やしてきた．しかし，このゲノム編集技術を適用することにより，これらの遺伝子改変動物作出の効率化や時間短縮が可能となり，さらに作出対象となる生物種の壁を克服することが可能となる．このようなことから，家畜を含む哺乳動物に対するゲノム編集技術は，家畜の食料生産への貢献ばかりでなく，応用生命科学や医療への展開も期待されている．

5. ゲノム編集技術

　最近，様々な生物種を対象に個体レベルで特定遺伝子をターゲットとして，その遺伝子機能を失わせたり，あるいは外来の遺伝子を挿入したりするゲノム編集技術が開発され，その応用への期待が高まっている．このゲノム編集技術とは，ゲノムの特定部位を切断できる人工制限酵素を用いて特定のゲノム配列に対して「置換，挿入，削除」する技術である．本技術の第一世代のツールとしては

「zinc-finger nuclease: ZFN」，第二世代のツール「transcription activator-like effector nuclease: TALEN」で，ともにゲノムの特定領域を認識して制限酵素 Fok I によって ゲノムの DNA 二本鎖切断（double strand break）を誘起する人工制限酵素を受精卵や初期胚の細胞質で機能させて特定のゲノム領域を切断させることによってゲノムを改変しようとするものである．そして 2012 年には第三世代の CRISPR/Cas システムが開発され，ゲノムの標的部位を認識する「clustered regularly interspaced short palindromic repeats: CRISPR」という RNA と DNA 切断酵素である Cas9 との RNA 複合体を受精卵や初期胚の細胞質で機能させて特定のゲノム領域を切断させるシステムである．

　特定領域ゲノムの DNA 二重鎖が上記の ZFN, TALEN もしくは CRISPR/Cas9 の人工制限酵素によって切断されると，そのゲノムは「非相同末端結合（non-homologous end joining）」によって修復されるが，その際にそのゲノムは, 1) 高頻度で偶発的に塩基の挿入欠失が高率におきる（KO 動物の作出), 2) 相同組換え効率が非常に高くなる（ノックイン動物の作出), が誘起されることになる.

5-1) ZFN による方法

　1996 年に特異的 DNA 塩基配列を認識するようにデザインされたジンクフィンガーと制限酵素 Fok I 由来の DNA 切断ドメインを組み合わせた人工制限酵素による方法である（Kim et al. 1996). Fok I は二量体でないと DNA を切断できないので 2 種類で 1 セットの ZFN を用意する．この方法の特異的 DNA 塩基配列を認識するジンクフィンガーの設計がとても複雑である．

5-2) TALEN による方法

　2010 年に TALEN が，ZFN より設計が単純な方法として開発された（Christian et al. 2010). この方法は，カスタム化された DNA 結合ドメインと非特異的な Fok I 配列非依存的 DNA 切断ドメインとを融合させた人工制限酵素を作製する方法である．この DNA 結合ドメインは 33-35 アミノ酸の繰り返し配列からなり, 12, 13 番目のアミノ酸配列が特定の 1 塩基を認識する．標的となる DNA 領域に 2 つの 15-20 塩基を認識する TALEN 繰り返し配列をそれぞれ 15-20 繋げて作製する．

5-3) CRISPR/Cas システム

2012 年に報告された CRISPR/Cas システムは，標的 DNA と相補的配列のRNA と Cas9 というバクテリア由来 DNA ヌクレアーゼにより，標的 DNA を配列特異的に切断するシステムである（Jinek *et al.* 2012）．CRISPR 上流にはCRISPR/associated genes （Cas9 遺伝子群）が存在する．Cas9 遺伝子群の 1 つがバクテリオファージやプラスミドなどの外来性 DNA の中の PAM（proto-spacer adjacent motif）配列という特定の短い配列を認識し，その上流数十 bp を切り取り，自身の CRISPR 領域に挿入する．これが細菌の免疫記憶となっている．挿入された標的配列は，この CRISPR 領域から一連の pre-crRNA としてリピート配列とともに転写された後，リピート配列が切断され成熟したcrRNA（CRISPR RNA）となり，crRNA と一部相補的な小分子である tracrRNA（trans-activating crRNA），Cas9 遺伝子群の 1 つで二本鎖 DNA 切断酵素であるCas9 とともに複合体を形成する．この複合体は標的の外来性 DNA を認識し，切断する．この際，複合体の DNA への結合には PAM 配列が必要である．この特異的 DNA 塩基配列を認識するガイド RNA の設計が，ZFN による方法およびTALEN による方法よりも非常に簡便で，その RNA の作製も容易である．

この CRISPR とは，バクテリアに存在する数十塩基対の短い反復配列で，大腸菌にてはじめて報告され，その意義は不明であった．しかし最近，原核生物のバクテリオファージやプラスミドに対する獲得免疫機構に関与することが明らかになっている．

6. ゲノム編集による遺伝子改変家畜の作出

上述したゲノム編集技術を適用して，KO 家畜などの遺伝子改変家畜を作出するには，いくつかの手法が考えられるが，個体レベルでの特定遺伝子修飾法の代表的な 3 つの作出過程を図 1 に示す．

図 1 左側の作出法は従来法で，まず，ES 細胞株に対して相同組換えによって特定遺伝子を修飾し，修飾された細胞を選抜する．次いで，この細胞と初期胚を生殖補助技術によってキメラ胚を作出する．このキメラ胚を仮親へ移植してキメラ個体を作る．そして，このキメラ個体を交配して，その子孫から目的の KO 個体

を選抜する．この手法では，家畜の ES 細胞株の樹立に大きな問題がある．すなわち，家畜においては配偶子へ分化可能なナイーブタイプの未分化細胞株の樹立ができないことから，家畜ではこの方法での遺伝子改変個体の作出はできないということである．

　図1の中央の核移植法は，体細胞株に対して相同組換法もしくは人工制限酵素によるゲノム編集法によって特定遺伝子を修飾させて，修飾された細胞を選抜する．そして，その細胞を核移植のドナーとし，除核した卵の細胞質へその核を注入して再構築胚を作製する．その再構築胚を仮親へ胚移植して，体細胞クローン個体が誕生すれば，そのクローン個体がゲノム編集された遺伝子改変個体ということになる．この方法では，従来，特定遺伝子を修飾するのに相同組換え技術が適用されていたが，しばしばその確率は低いことが問題となるが，これをゲノム編集技術で置き換えることによって問題を解決することが可能である．しかし，一般に核移植によって作出した再構築胚（クーロン胚）のクローン個体への発生率は低いことが知られており，これが問題となる．

　図1の右の直接ゲノム編集法は，受精卵もしくは初期胚の細胞へ人工制限酵素をコードするRNAもしくはDNAを直接導入して，その人工制限酵素を機能させることによってゲノム編集を実施しようとするものである．そして，このゲノム編集の効率がよければ，従来法や核移植法よりも，より効率的な特定遺伝子修飾個体の作出法として期待できる．比較的簡便なゲノム編集法であるCRISPR/Casシステムの適用と受精卵もしくは初期胚への直接的な適用によって，とても効率のよい特定遺伝子改変ラットの作出が報告されている（Yoshimi *et al.* 2014）．

　家畜においてゲノム編集技術を適用した遺伝子改変家畜の作出状況を把握するために，ブタを対象として，個体レベルでのゲノム編集の主な作出成功例を調べた（表1）．これらの報告は，すべて 2011–2014 年に公表されたもので，このうちZFNを用いたものが3例，TALENを用いたものが2例，CRISPR/Casシステムを用いたものが5例である．しかし，もっとも遺伝子改変ブタの作出効率がよいと考えられる図1における直接ゲノム編集法での成功例は，これら10例中の3例であった．この3例のうちCRISPR/Casシステムを用いた1例では，直接ゲノム編集法と核移植法の両方法で成功している（Whitelaw *et al.* 2014）．人工制

限酵素を体細胞株で機能させ,その細胞を核移植のドナーとして用いた核移植法によって遺伝子改変クローン個体を作出したものが10例中8例とその大部分を占める.

ブタは多排卵動物であることから,その受精卵や初期胚に対して人為的操作を加えるのに有利な家畜である.通常,1頭の受精卵を供給するメスに性腺刺激ホルモンを投与する過剰排卵処置により,20個前後の排卵を誘起することが可能である.それにもかかわらず,ゲノム編集技術の適用によって作出された遺伝子改変ブタの成功例の多くが核移植法での成功例であることは,直接ゲノム編集法,すなわち受精卵や初期胚への人工制限酵素をコードするRNAやDNAの適切な導入条件がいまだに明らかにされていないことを示唆している.おそらく,表1に示した成功例以外に遺伝子改変個体の作出に至らない多くの試みがなされたものと考えられる.したがって,この受精卵や初期胚への人工制限酵素をコードしたDNAやRNAの導入条件を精査し,より効率的で簡便な手法を検討することによって,さらに効率のよい,個体レベルでの特定遺伝子改変家畜の作出法が開発さ

表1 ゲノム編集技術の適用による遺伝子改変ブタの作出成功例

文献#	文献タイトル	発表年	核移植	受精卵直接注入	ZFN	TALEN	CRISPR/Cas
1	Efficient generation of a biallelic knockout in pigs using zinc-finger nucleases	2011	○		○		
2	Production of biallelic CMP-Neu5Ac hydroxylase knock-out pigs	2013	○		○		
3	Generation of interleukin-2 receptor gamma gene knockout pigs from somatic cells genetically modified by zinc finger nuclease-encoding mRNA	2013	○		○		
4	Live pigs produced from genome edited zygotes	2013		○		○	
5	Highly efficient generation of GGTA1 biallelic knockout inbred mini-pigs with TALENs	2013	○			○	
6	One-step generation of knockout pigs by zygote injection of CRISPR/Cas system	2014		○			○
7	Efficient generation of genetically distinct pigs in a single pregnancy using multiplexed single-guide RNA and carbohydrate selection	2014	○				○
8	Generation of CRISPR/Cas9-mediated gene-targeted pigs via somatic cell nuclear transfer	2014	○				○
9	Creating class I MHC-Null pigs using guide RNA and the Cas9 endonuclease	2014	○				○
10	Use of the CRISPR/Cas9 system to produce genetically engineered pigs from in vitro-derived oocytes and embryos	2014	○	○			○

れる可能性がある.

7. 遺伝子改変家畜の作出効率の改善

　特定遺伝子に対する修飾を施した遺伝子改変家畜の応用は，今後の持続可能な畜産，食料増産，医療，そして生命科学にも貢献するものと期待されている．しかし，その効率的な作出法である直接ゲノム編集法については，ゲノム編集処置を施す対象となる受精卵や初期胚を効率的に供給する工夫も必要である．さらに，ゲノム編集技術において対象とするゲノムの標的遺伝子以外の類似した遺伝子配列が切断されてしまうことを「オフターゲット効果（off-target effect）」という．ES 細胞を介した KO 動物作出例では，この「オフターゲット効果」の発生頻度は低い．したがって，この「オフターゲット効果」によって，人工制限酵素をコードした DNA や RNA を導入された受精卵や初期胚の発生能を低下させている可能性がある．また，処置対象となる受精卵や初期胚のドナー家畜に対する過剰排卵処置や受精卵や初期胚の体外生産システム，さらには受精卵や初期胚の超低温保存技術に対する改善が必要である．

　さらにウシにおいては，単排卵動物であることから，受精卵や初期胚に人工制限酵素によるゲノム編集処置を施した後に，その処置した受精卵や初期胚を個体へ発生させるには，胚移植により仮親へ移植する必要がある．その際，処置胚の一部をバイオプシーなどによって目的の遺伝子修飾が適切になされたどうかを遺伝子診断し，選択することによって，全体の生産効率の改善を図ることができる．この遺伝子診断の際にも，診断対象の処置胚を超低温保存しておけば，より遺伝子編集個体の作出効率を高める可能性がある．

8. 遺伝子改変家畜の効率的遺伝資源保存法

　ゲノム編集技術，あるいは人為的に作出された遺伝子改変動物は，その遺伝資源を効率的に応用するにあたって，あるいは効率的に保存するには，その動物の配偶子や初期胚などの細胞を超低温保存することが重要となる．さらに，遺伝的あるいは疾病的なコンタミを防止する点からも，その配偶子もしくは初期胚を超低温保存しておくことが望ましい．

家畜の精子の超低温保存技術は，すでに確立されているが，未受精卵の超低温保存法は，非常に難しい．最近，最小容量ガラス化法にて超低温保存した未受精卵から子ブタが誕生（Somfai et al. 2014）しているものの，その産子への発生率は低い．今後，さらなる改良が必要であろう．また，幼弱個体由来精巣組織片を超低温保存し，免疫不全マウスへ移植して，精子を形成させて卵細胞質精子注入法によって受精卵を作出し，その移植によって子ブタも生まれている（Kaneko et al. 2014）．

9. 生命倫理

　このゲノム編集技術は，異種の外来遺伝子を家畜ゲノムに組み込まなければ，従来の「遺伝子組換え」の定義からすると「遺伝子組換え」には該当しない．しかし，ゲノム編集技術によって得られた家畜を含めた遺伝子改変動物は，基本的には従来のKO動物などの遺伝子改変動物と変わらない．小実験動物（マウス・ラット）においては自然変異個体や人為的誘起変異個体はいずれも遺伝子組換え実験やカルタヘナ法の規制にとらわれず，通常の（野生型の）動物と同じように飼育したり，応用したりすることが可能である．

　その一方で，家畜においては，その利用の主な目的が食料であることから，消費者や社会に受け入れられなければ，その実用化は難しい．さらに，ゲノム編集技術の家畜への適用には，「ゲノム編集によって生じるオフターゲット効果などの影響やその特徴などを十分に理解してから応用するべきである」との意見もある．また，荒木ら（北海道大学）は，痕跡の残らない遺伝子改変技術であるゲノム編集技術に対して「環境への拡散」の注意を喚起しており，「遺伝子改変生物」に対する評価法開発の必要性と社会でのコンセンサスの形成を求めている（Araki et al. 2014）．近い将来，社会全体で家畜の遺伝子改変について議論することが求められるかもしれない．そして，人類が解決するべき地球規模での食料と環境の問題を解決する手法として，家畜の遺伝子改変技術の確立およびその応用に関する研究開発は継続して行われるべきである．

引用文献

Araki M, Nojima K, Ishii T. 2014. Current required for handling genome editing technology. Trends in Biotechnology 32, 234-237.
Brophy B, Smolenski G, Wheeler T, Wells D, L'Huillier P, Laible G. 2003. Cloned transgenic cattle produce milk with higher levels of beta-casein and kappa-casein. Nature Biotechnology 21, 157-162.
Christian M, CermakT, Doyle EL, Schmidt C, Zhang F, Hummel A, Bogdanove AJ, Voytas DF. 2010. Targeting DNA double-strand breaks with TAL effector nucleases. Genetics 186, 757-761.
Evans M, Kaufman M. 1981. Establishment in culture of pluripotent cells from mouse embryos. Nature 292, 154-156.
Golovan SP, Meidinger RG, Ajakaiye A, Cottrill M, Wiederkehr MZ, Barney DJ, Plante C, Pollard JW, Fan MZ, Hayes MA, Laursen J, Hjorth JP, Hacker RR, Phillips JP, Forsberg CW. 2001. Pigs expressing salivary phytase produce low-phosphorus manure. Nature Biotechnology 19, 741-745.
Hai T, Teng F, Guo R, Li W, Zhou Q. 2014. One-step generation of knockout pigs by zygote injection of CRISPR/Cas system. Cell Research 24, 372-375.
Hammer C. 2004. Xenotransplantation—will it bring the solution to organ shortage? Annals of transplantation 9, 7-10.
Hammer RE, Pursel VG, Rexroad C, Wall RJ, Bolt DJ, Ebert KM, Palmiter RD, Brinster RL. 1985. Production of transgenic rabbits, sheep and pigs by microinjection. Nature 315, 680-683.
Hauschild J, Petersen B, Santiago Y, Queisser A, Carnwath J, Lucas-Hahn A, Zhang L, Meng X, Gregory P, Schwinzer R, Cost G, Niemann H. 2011. Efficient generation of a biallelic knockout in pigs using zinc-finger nucleases. Proceeding of the National Academy of Sciences of the United States of America 108, 12013-12017.
Houdebine LM. 2000. Transgenic animal bioreactors. Transgenic Research 9, 305-320.
Jinek M, Chylinski K, Fonfara I, Hauer M, Doudna JA, Charpentier E. 2012. A programmable double-RNA-guided DNA endonuclease in adaptive bacterial immunity. Science 337, 816-821.
Kaneko H, Kikuchi K, Tanihara F, Noguchi J, Nakai M, Ito J, Kashiwazaki N. 2014. Normal reproductive development of pigs produced using sperm retrieved from immature testicular tissue cryopreserved and grafted into nude mice. Theriogenology 82, 325-331.
Kashiwazaki N, Nakao H, Ohtani S, Nakatsuji N. 1992. Production of chimeric pigs by the blastocyst injection method. Veterinary Record 130, 186-187.
Kim YG, Cha J, Chandrasegaran S. 1996. Hybrid restriction enzymes: zinc finger fusions to Fok I cleavage domain. Proceeding of the National Academy of Sciences of the United States of America 93, 1156-1160.
Kuroiwa Y, Kasinathan P, Sathiyaseelan T, Jiao JA, Matsushita H, Sathiyaseenlan J, Wu H, Mellquist J, Hammitt M, Koster J, Kamoda S, Tachibana K, IshidaI, Roble JM.

2009. Antigen-specific human polyclonal antibodies from hyperimmunized cattle. Nature Biotechnology 27, 173-181.
Kwon D, Lee K, Kang M, Choi Y, Park C, Whyte J, Brown A, Kim J, Samuel M, Mao J, Park K, Murphy C, Prather R, Kim J. 2013. Production of biallelic CMP-Neu5Ac hydroxylase knock-out pigs. Scientific Reports doi:10.1038/srep01981.
Lai L, Kolber-Simonds D, Park KW, Cheong HT, Greenstein JL, Im GS, Samuel M, Bonk A, Rieke A, Day BN, Murphy CN, Carter DB, Hawley RJ, Prather RS. 2002. Production of alpha-1,3-galactosyltransferase knockout pigs by nuclear transfer cloning. Science 295, 1089-1092.
Li P, Estrada J, Burlak C, Montgomery J, Butler J, Santos R, Wang Z, Paris L, Blankenship R, Downey S, Tector M, Tector A. 2014. Efficient generation of genetically distinct pigs in a single pregnancy using multiplexed single-guide RNA and carbohydrate selection. Xenotransplantation doi:10.1111/xen.12131.
Lind NM, Moustgarrd A, Jelsing J, Vajta G, Cumming P, Hansen AK. 2007. The use of pigs in neuroscience: Modeling brain disorders. Neuroscience & Biobehavioral Reviews 31, 728-751.
Lillico S, Proudfoot C, Carlson D, Stverakova D, Neil C, Blain C, King T, Ritchie W, Tan W, Mileham A, McLaren D, Fahrenkrug S, Whitelaw C. 2013. Live pigs produced from genome edited zygotes. Scientific Reports doi:10.1038/srep02847.
Mashimo T, Takizawa A, Voigt B, Yoshimi K, Hiai H, Kuramoto T, Serikawa T. 2010. Genetic of knockout rats with X-linked severe combined immnunodeficiency (X-SCID) using zinc-finger nucleases. PLoS One 5, e8870.
Matsunari H, Nagashima H, Watanabe M, Umeyama K, Nakano K, Nagaya M, Kobayashi T, Yamaguchi T, Sumazaki R, Herzenberg L.A., Nakauchi H. 2013. Blastocyst complementation generates exogenic pancreas in vivo in apancreatic cloned pigs. Proceeding of the National Academy of Sciences of the United States of America 110, 4557-4562.
Ramsoondar JJ, Macháty Z, Costa C, Williams BL, Fodor WL, Bondioli KR. 2003. Production of alpha 1,3-galactosyltransferase-knockout cloned pigs expressing human alpha 1,2-fucosylosyltransferase. Biology of Reproduction 69, 437-445.
Reyes L, Estrada J, Wang Z, Blosser R, Smith R, Sidner R, Paris L, Blankenship R, Ray C, Miner A, Tector M, Tector A. 2014. Creating Class I MHC-Null Pigs Using Guide RNA and the Cas9 Endonuclease. The Journal of Immunology 193, 5751-5757.
Saeki, K., Matsumoto, K., Kinoshita, M. Suzuki, I., Tasaka, Y., Kano, K., Taguchi, Y., Mikami, K., Hirabayashi, M., Kashiwazaki, N., Hosoi, Y., Murata, N., Iritani, A., 2004. Functional expression of a Δ12 fatty acid desaturase gene from spinach in transgenic pigs. Proceeding of the National Academy of Sciences of the United States of America Proceeding 101, 6361-6366.
Smithies O, R G. Gregg, Boggs SS, Koralewski MA, Kucherlapati RS. 1985. Nature 317, 230-234.
Somfai T, Yoshioka K, Tanihara F, Kaneko H, Noguchi J, Kashiwazaki N, Kikuchi K. 2014. Generation of live piglets from cryopreserved oocytes for the first time using a

defined system for in vitro embryo production. PLoS One 9, e97731.
Takahashi K, Yamanaka S. 2006. Induction of pluripotent stem cells from mouse embryonic and adult fibroblast cultures by defined factors. Cell 126, 663-676.
Thomas KR. Capecchi MR. 1987. Site-directed mutagenesis by gene targeting in mouse embryo-derived stem cells. Cell 51, 503-512.
United Nations Food and Agriculture Organization. 2009. The State of Food and Agriculture 2009. Rome, Italy.
Wall RJ, Seidel Jr GE. 1992. Transgenic farm animals -A critical analysis. Theriogenology 38, 337-357.
Watanabe M, Nakano K, Matsunari H, Matsuda T, Maehara M, Kanai T, Kobayashi M, Matsumura Y, Sakai R, Kuramoto M, Hayashida G, Asano Y, Takayanagi S, Arai Y, Umeyama K, Nagaya M, Hanazono Y, Nagashima H. 2013. Generation of interleukin-2 receptor gamma gene knockout pigs from somatic cells genetically modified by zinc finger nuclease-encoding mRNA. PLoS One 8, e76478.
Wheeler MB & Walter EM. 2001. Transgenic technology and applications in swine. Theriogenology 56, 1345-1369.
Whitelaw CBA, Farina E, Webster J. 1999. The changing role of cell culture in the generation of transgenic livestock. Cytotechnology 31, 3-8.
Whitworth K, Lee K, Benne J, Beaton B, Spate L, Murphy S, Samuel M, Mao J, O'Gorman C, Walters E, Murphy C, Driver J, Mileham A, McLaren D, Wells K, Prather R. 2014. Use of the CRISPR/Cas9 system to produce genetically engineered pigs from in vitro-derived oocytes and embryos. Biology of Reproduction 91 (3) 78, 1-13.
Whyte JJ & Prather RS. 2011. Genetic modifications of pigs for medical and agriculture. Molecular Reproduction and Development 78, 879-891.
Wilmut I, Schnieke AE, McWhir J, Kind AJ, Campbell KHS. 1997. Viable offspring derived from fetal and adult mammalian cells. Nature 385, 810-813.
Wilmut I, Whitelaw CBA. 1994. Strategies for production of pharmaceutical proteins in milk. Reproduction, Fertility and Development 6, 625-630.
Xin J, Yang H, Fan N, Zhao B, Ouyang Z, Liu Z, Zhao Y, Li X, Song J, Yang Y, Zou Q, Yan Q, Zeng Y, Lai L. 2013. Highly efficient generation of GGTA1 biallelic knockout inbred mini-pigs with TALENs. PLoS One 8, e84250.
Yoshimi K, Kaneko T, Voigt B, Mashimo T. 2014. Allele-specific genome editing and correction of disease-associated phenotypes in rats using the CRISPR/Cas platform. Nature Communications 5, 4240. doi:10.1038/ncomms5240.
Zhou X, Xin J, Fan N, Zou Q, Huang J, Ouyang Z, Zhao Y, Zhao B, Liu Z, Lai S, Yi X, Guo L, Esteban MA, Zeng Y, Yang H, Lai L. 2014. Generation of CRISPR/Cas9-mediated gene-targeted pigs via somatic cell nuclear transfer. Cellular Molecular Life Sciences doi:10.1007/s00018-014-1744-7.

第8章
ビッグデータの情報解析が開く育種の地平線
―ゲノムと表現型の関連をモデル化し，育種を加速する―

岩田洋佳
東京大学大学院農学生命科学研究科

1. 食料問題と育種の高速化

2050年には世界の総人口は90億を超えると推計されている．今後増加していく人口をささえるためには2050年までに現在の1.7倍の穀物生産が必要とされており，年あたりで換算すると毎年4400万トンの増産が必要とされている（Tester・Langridge 2010）．最近40年間の穀物生産の増加速度はほぼ一定で毎年3200万トンであったことを考えると，今後数十年間はこれまでに比べて1.4倍の速度での増産を実現していく必要がある．このような増産を限られた資源のもとで達成するには，作物の生産力を大幅に向上させる必要があり，そのためには，作物のもつ遺伝的能力を高度にかつ高速に向上させる新しい科学技術の登場と，それに基づくイノベーションが不可欠となる（Phillips 2010，岩田 2012）．

現在，作物育種を効率化・高速化する技術の一つとして，ゲノミックセレクション（genomic selection, Meuwissenら 2001）とよばれる方法が注目されている（Heffnerら 2008, Janninkら 2010, Lorenzら 2011, 岩田 2012, Desta・Ortiz 2014）．ゲノミックセレクションは，ゲノム全体に分布する多数のDNA多型をもとに，個体や系統の遺伝的能力を予測し，その予測結果に基づき選抜を行なう方法である．従来の植物育種では，主に栽培試験を通して改良対象となる形質の計測と評価を行い，その結果に基づき優良な個体や系統を選抜してきた．

ゲノミックセレクションでは，DNA多型を調べることで個体や系統の遺伝的能力を評価できるため，時間と労力を要する選抜対象集団の栽培試験を実施する必要がない．この特徴により，ゲノミックセレクションが従来の選抜法では不可能であった新しい育種システムの実現に貢献する可能性が高い．例えば，人工環境を用いて高速に世代促進を行いながら選抜・交配を行うことで育種を大幅に加速できる．また，後述するように，世界各地の不良環境に適した品種を日本で効率的に育成することもできる．このような理由から，現在，ゲノミックセレクションの理論研究や，育種プログラムへの実装研究が，世界の農業研究機関などで盛んに進められている．本稿では，ゲノミックセレクションとその周辺技術について紹介するとともに，ゲノミックセレクションを活用した近未来の育種について思いを馳せてみたい．

2. ゲノミックセレクションの仕組み

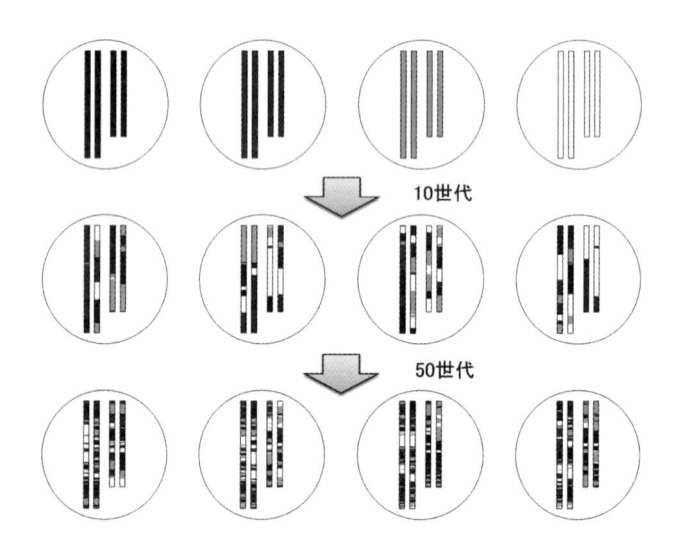

図2.1 染色体上で互いに近くに位置するDNA多型は連鎖不平衡の関係にある．仮に4つの祖先品種のゲノムを4色で塗り分けると，その後代系統のゲノムは，4色のゲノム断片がモザイク状に組合わさったものになっている．なお，断片の大きさは世代を経るにしたがって小さくなっていく．

ゲノミックセレクションは，ゲノムワイドに分布する数千〜数十万の DNA 多型をもとに個体や系統の遺伝的能力を予測し，予測値に基づいて優良な個体や系統を選抜する方法である．DNA 多型は染色体上に数珠つなぎに並んでいるため，染色体上に互いに近接して位置する DNA 多型は親から子に共に伝えられやすい．これが連鎖（linkage）とよばれる現象である．連鎖があることにより，直接親子関係にない品種や系統を集めた集団でも，互いに近くに位置する DNA 多型どうしが非独立的な関係をもっている場合がある（図 2.1）．このような状態を連鎖不平衡（linkage disequilibrium）とよぶ．ゲノミックセレクションでは，ゲノム全体に分布する多数の DNA 多型を調べることにより，いずれかの多型がゲノム上に散在する遺伝子と非独立的な関係，すなわち，連鎖不平衡の状態になっていることを利用する．連鎖不平衡にあることを利用すると，DNA 多型の状態から逆に遺伝子の状態をとらえることができるので，その遺伝子が支配する形質について遺伝的能力を予測することが可能となる．

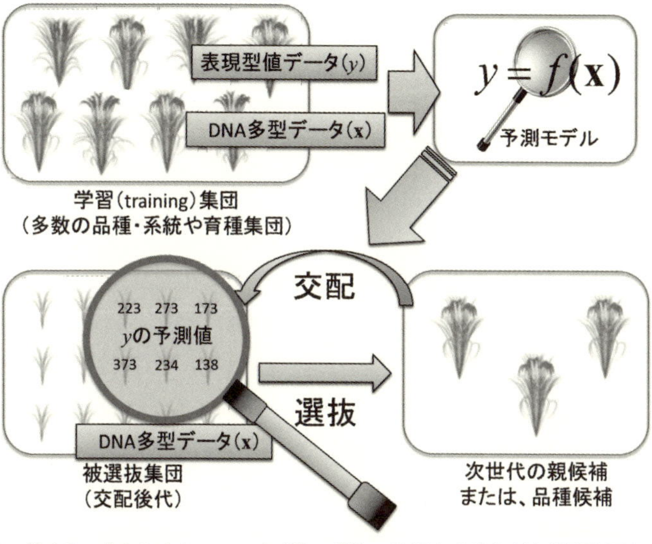

図 2.2　ゲノミックセレクションのながれ．多数の品種や系統などを学習集団として用いて予測モデルを構築する．予測モデルを用いれば，DNA 多型に基づき優れた個体や系統を選抜できる．

ゲノミックセレクションの具体的な手順は次の通りである（図2.2）．まず，数百～数千の品種や系統について，改良対象形質の表現型値（栽培試験によって計測される対象形質の評価値．場合によってはその推定値である遺伝子型値や育種価が用いられるが，ここでは単に表現型値と記す．）とゲノム全体に分布する多数の DNA 多型を計測し，それらを学習（training）データとする．次に，このデータをもとに，多数の DNA 多型から改良対象形質の表現型値を予測するモデルを構築する．このモデルを用いれば，DNA 多型をもとに個体や系統の遺伝的能力を予測することができるので，予測値をもとに優良な個体や系統を選抜できる．選抜は DNA 多型をもとに行われるため，その選抜結果は選抜対象の個体や系統が栽培されている環境の影響を受けない．したがって，グロースチャンバーなど，通常作物が栽培されている環境とは異なる環境下においても，優良な個体や系統を見分けて選抜を行うことができる．なお，選抜された個体や系統は，次世代の育種集団の親として交配に用いられる．特に優秀な個体や系統は，そのまま普及用品種の候補として試験栽培に供される可能性もある．

なお，ここで示したゲノミックセレクションの手順はあくまで一例であり，作物の生殖様式，対象形質の遺伝様式，栽培試験による評価の困難さ，連鎖不平衡の程度，世代時間の長さなどによってゲノミックセレクション育種の最適なデザインは異なる．最適デザインを求めるためには，様々な想定のもとで試行実験が行えるシミュレーション研究が有効である（例えば，Heffner ら 2010, Iwata ら 2011, Yabe ら 2013, Yabe ら 2014）．

ゲノミックセレクションの顕著な特徴は，予測モデルを橋渡しにすることにより，「表現型評価」と「選抜」を完全に分離できる点である．表現型に基づく従来の選抜法では，表現型評価と選抜は常に一体であった．そのため，選抜を行うためには必ず表現型評価のための栽培試験を行う必要があった．このことが，育種の効率化・高速化の大きな障壁となっていた．ゲノミックセレクションでも，予測モデルを構築するためには表現型評価が必要となるが，選抜は構築された予測モデルをもとに行うことができるため，表現型評価のための栽培試験を行う必要がない．すなわち，いつでも，どこでも，そして誰にでも選抜を行うことができる．ゲノミックセレクションのもつこの特徴が，全く新しい育種システムに実現につ

ながる可能性がある.

　例えば，世界各地の不良環境に適応する品種を，ゲノミックセレクションを用いて高速に育成するシステムを考えてみよう（図2.3）．そのためには，まず予測モデルを構築するために必要となる学習データを準備しなければならない．そこで，世界各地の不良環境において栽培試験を行い，改良対象形質の表現型値を計測する．いっぽう，同じ材料についてゲノムワイドに分布する多数のDNA多型を決定する．これらデータをもとにDNA多型から不良環境における表現型値を予測するモデルを構築できれば，選抜はいつでも，どこでも，誰にでも行うことができる．例えば，年に何度でも栽培できる温暖な土地や，温室やグロースチャンバーなどの人工環境を用いて，年に複数回選抜と交配を繰り返すことも可能である．こうした育種システムを構築できれば，世界各地の不良環境をターゲットとした育種を，日本で行うこともできる．食料問題の解決には，不良環境における食料生産の底上げが重要であり（Tester・Langridge 2010），上述した育種システムが実際に機能すれば，食料問題の解決にも貢献できると期待される．なお，再生可能エネルギーの生産のためにエネルギー作物の栽培を行う場合は，食料作

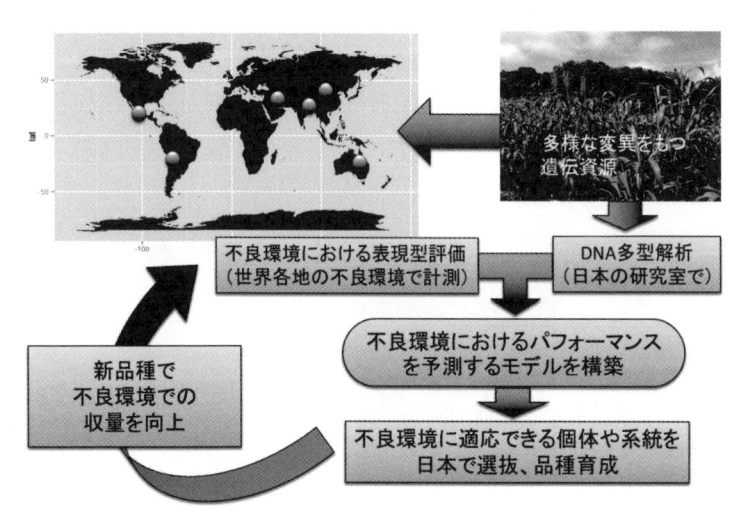

図2.3　世界各地の不良環境で計測された表現型データを用いて予測モデルを構築できれば，そのモデルをもとに，例えば日本で品種育成を進めることができる．

物の生産との競合を避けるため，不良環境を主な栽培地として育種を進める必要があるが，このような場合にも上述した育種システムの利用が有効と考えられる．

3. ゲノミックセレクションを支える技術

われわれは，現在，メキシコの塩害地をターゲットに，エタノール生産性の高いソルガム (*Sorghum bicolor* (L.) Moench) を育種するプロジェクトを進めている．ソルガムは，アフリカ北東部原産の大型イネ科 C4 作物であり，食用・飼料用として，あるいは，バイオエネルギー生産用として重要な作物の 1 つである（佐塚・岩田 2014）．エネルギー作物としてソルガムが優れている点として，(1)高糖性の搾汁液が得られること，(2)高いバイオマス生産性をもつこと，(3)不良環境への適応性が高いことなどがあげられる（図 3.1）．糖度の高い搾汁液は，アルコール発酵による効率的なエタノール生産につながる．ソルガム遺伝資源に見られる糖度の遺伝変異は大きいが，中には，サトウキビと同等かそれ以上（20%を超える）の糖度をもつ品種・系統もある．また，高いバイオマス生産性は，糖収量の増加につながる．バイオマスに大きく関わる草丈もまた，遺伝資源内に多様な変異が見られ，中には 4m を超える品種・系統もある．さらに，塩害地や乾燥地などの不良環境への適応力の高さは，食用作物の栽培が難しい不良環境でエネルギー作物を栽培できる可能性を示すものである．このようにソルガムは有用な特性を

図 3.1　(a)メキシコで計測された純系および F1 系統の糖度（Brix 値），(b)福島県二本松市における栽培試験，(c)メキシコの塩害地における栽培試験．

さまざま備えているが，近代育種の歴史が浅いこともあり，遺伝資源に潜む有用な遺伝変異が十分に育種に活用されてこなかった．そこで，われわれのソルガム育種プロジェクトは，ソルガムの遺伝資源に含まれる多様な有用変異を，ゲノミックセレクションを用いて高速に集積し，高性能な新品種を育成することを目的としている．

ソルガム育種プロジェクトにおける，具体的な育種の手順は以下の通りである（図 3.2）．まず，様々な遺伝資源をメキシコの塩害地で栽培し，エタノール生産性に関わる形質を評価した．なお，優性効果も利用できる F_1 品種として新品種を育成するために，ソルガム遺伝資源約 200 系統を 2 つの細胞質雄性不稔（cytoplasmic male sterility: CMS）系統に交配し，400 系統以上の F_1 系統を作出した．これら F_1 系統をメキシコの塩害地，および，比較対象として福島県二本松市で栽培試験を行い，バイオマス関連形質の評価を行った．いっぽう，これら F_1 系統の親であるソルガム遺伝資源約 200 系統について，その DNA 多型をゲノ

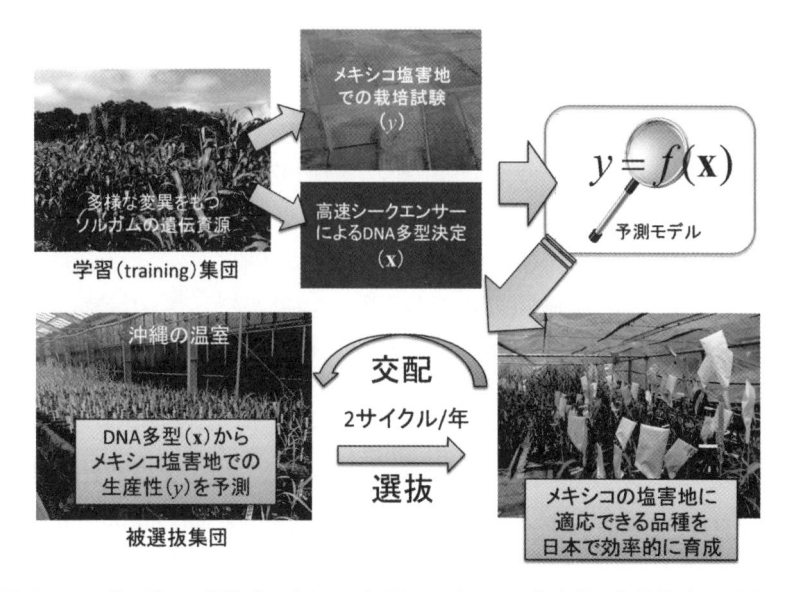

図 3.2 ソルガムゲノム育種プログラムのながれ．メキシコの塩害地で表現型データを収集し，予測モデルを構築する．構築されたモデルを用いて沖縄で選抜と交配を繰り返す．

ム全体にわたり大量に決定した．こうして収集されたデータを学習データとして用いて，メキシコの塩害地，および，福島県二本松市におけるエタノール生産性をDNA多型から予測するモデルを構築した．現在，構築されたモデルをもとに，温暖な沖縄で選抜と交配を繰り返しながら，遺伝的改良を進めている．なお，育成中の系統を毎年2つのCMSに交配し，その後代をメキシコの塩害地と福島県で栽培することにより，改良程度の評価を行うとともに，新たに得られる表現型データをもとに予測モデルの更新を行う．ゲノミックセレクションでは選抜が進むことにより予測モデルの精度が劣化することが知られており，予測モデルの更新は育種の効率向上に大きく貢献する（Yabeら 2013, Yabeら 2014）．このプロジェクトは，先述した育種システム（図2.3）を具現化しようとするものであり，ソルガムを材料にそのポテンシャルを評価したいと考えている．

　ここからは，ゲノミックセレクションを行うために必要となる様々な技術について，ソルガム育種プロジェクトを例に説明していく．まず，ゲノミックセレクションを効率的に行うためには，ゲノム全体に分布する多数のDNA多型を安価にかつ高速に決定する必要がある．現在では，RAD-SeqやGBSとよばれる次世代シークエンサーを用いた手法が利用でき，数百サンプルについて数万〜数十万箇所のDNA多型を一度の実験で決定できる（Daveyら 2011）．実験に必要なコストは1サンプルあたり3,000円程度であり，将来的にはさらに安価になると予想される．この程度のコストであれば，育種現場でも十分に利用できる．これら手法には様々な変法があるが，基本的には以下の手順で実験を行う（図3.3）．まず，ゲノムDNAを制限酵素処理して断片化する．次に，断片化されたゲノムDNAの両端にアダプタを接合し，これを鋳型としてPCR（polymerase chain reaction）を行い，アダプタが接合されたゲノム断片を増幅する．そして増幅された断片の塩基配列を，次世代シークエンサーを用いて高速に決定する．こうして収集されるDNA断片の塩基配列データを解析することにより，サンプル間にみられるDNA多型，主に一塩基多型（single nucleotide polymorphism: SNP）を検出し，各サンプルの多型の型を決定する．なお，PCRやシークエンスは全サンプルを混合して行うが，アダプタに組み込まれたサンプル特異的な塩基配列（バーコード配列とよばれる）をもとに，どのサンプル由来のDNA断片の配列

かを見分けることができる．このような仕組みを用いて，制限酵素認識サイトの前後約 200 塩基対（base pair: bp）以内にある DNA 多型を多数のサンプルについて同時に決定する．この方法は，ゲノム配列の解読が行われていない生物種でも利用できるため，これまで遺伝研究がほとんど行われてこなかった，いわゆる「みなしご作物（orphan crop）」に対しても適用できる．なお，ソルガム育種プロジェクトでは，RAD-Seq を用いて，435 品種・系統について 127,737 カ所の DNA 多型を決定し，ゲノミックセレクションに利用している．

予測モデル構築のためには，ゲノムデータの収集だけでなく，表現型データの収集を行う必要がある．ソルガム育種プロジェクトでは，「メキシコの塩害地におけるエタノール生産性」を遺伝的改良の対象としている．そこで，メキシコの塩害地で実際に栽培試験を行い，エタノール生産性に関わる形質の表現型評価を行っている（図 3.4）．

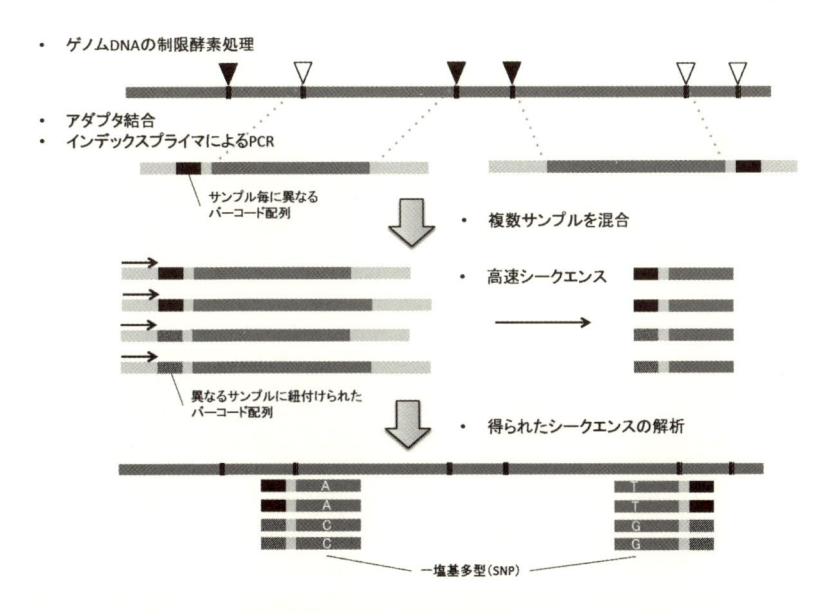

図 3.3　RAD-Seq による DNA 多型解析の手順．制限酵素処理された特定の断片だけをシークエンスすることで多数のサンプルを安価に解析する．

なお，予測精度の高いモデルを構築するためには，多数の品種・系統についてデータ収集を行う必要がある．メキシコでは限られた滞在日数の中で多数の品種・系統の表現型評価を行う必要があり，そのハイスループット化が重要な課題であった．そこで，われわれは，表現型評価のための技術開発も行った．NFCWriterは，RFIDタグを用いて栽培試験中の個体や系統を効率的に管理するシステムである．RFIDタグにデータベース検索キーを記録しておくことで，その品種・系統のゲノムデータや過去の表現型データを圃場にいながら確認できる．また，RFIDタグに栽培や生育に関わる記録を保存しておくことで，管理や計測を効率化できる．例えば，開花後一定の期間後に形質評価を行う必要が場合に，RFIDタグに開花日を記録しておけば，計測すべき個体の識別を効率的に行うことができる．BluetoothRecorderは，これまで手計測と手書き入力での記録が行われてきた形質評価を高速化するためのシステムである．同システムでは，様々な計測デバイスをBluetooth®を介してAndroid端末に同時接続し，接続されたデ

図3.4　2013年に行われたメキシコでの栽培試験．塩濃度ができるだけ均質になるように造成された圃場が用いられた．6月に播種，7月に定植，9月～10月に形質評価が行われた．

第8章　ビッグデータの情報解析が開く育種の地平線　　（ 131 ）

バイスを用いてデータの計測と収集を効率化する（図 3.5）．Bluetooth®シリアルアダプタを用いれば，シリアル通信機能をもつ様々な計測機器を利用することができる．例えばソルガムの計測では，ノギスやハカリを接続し，茎径や生重量データの計測と収集を効率化している．また，バーコードシステムを利用して，草丈や穂長，各種カテゴリーデータの収集を効率化している．なお，計測器がシリアル通信機能をもたない場合でも，テンキーを備えた入力端末を用いることで数値データの収集を簡易化している．なお，収集された計測データは，インターネットを介して収集センターに送信できる．昨年度メキシコでは，同システムを利用することで，13 日間に 9,108 個体，のべ 48,483 データを計測・収集することができた．なお，表現型評価のハイスループット化はゲノム育種の実現に向けた重要課題の 1 つであり，現在，様々な研究コミュニティにおいて同様のシステム開発が進められている（例えば，Rife・Poland 2014）．われわれの開発したシステムは，様々な形質を計測できるという利点をもち，様々な植物種で利用可能である．今後は，多くの育種家や研究者に自由に利用してもらえるシステムとして

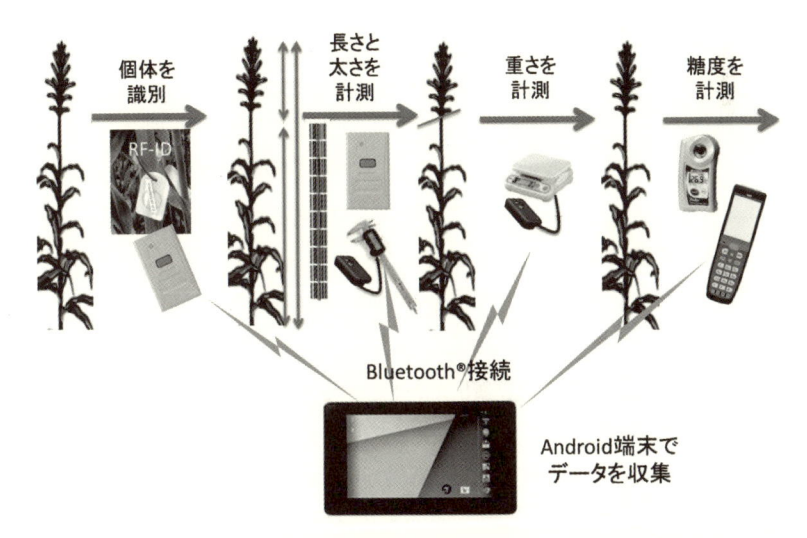

図 3.5　形質評価を効率化するための計測システム．バーコードや RF-ID を用いて計測を簡略化している．計測結果は，Bluetooth を介して Android 端末に収集される．

公開していきたいと考えている.

ここからは，収集された学習データをもとにゲノミックセレクションのための予測モデルを構築する方法について de los Campos ら (2010) に従って簡単に説明する (岩田 2012). 量的遺伝学のモデルでは，個体 i の表現型変異 y_i を，遺伝的な変異（遺伝子型値とよぶ）g_i と，環境によるばらつき（環境変動とよぶ）e_i の和

$$y_i = g_i + e_i$$

として考える. 多数の DNA 多型を用いた予測モデルでは，遺伝子型値 g_i を，利用可能な全ての DNA 多型（以降，マーカー遺伝子型とよぶ）の関数として表す. すなわち，上述した遺伝モデルは，

$$y_i = (x_i, \theta) + e_i$$

と表される. ここで，$g(x_i, \theta)$ はマーカー遺伝子型 x_i から遺伝子型値 g_i を求めるための関数であり，θ はその関数に含まれる未知のパラメータで，データから推定される. この関数を用いて，表現型が観測されていない個体 s について，その遺伝子型値 g_s を予測するには，まず，学習データを用いて，関数 $g(x_i, \theta)$ の未知パラメータ θ の推定値 $\hat{\theta}$ を求めておく. 推定値 $\hat{\theta}$ が得られれば，表現型を観察していない個体 s についても，そのマーカー遺伝子型 x_s から，その遺伝子型値を $g(x_s, \hat{\theta})$ として予測できる.

関数 $g(x_i, \theta)$ のモデルとして，様々な統計モデルが提案されている. 例えば，Meuwissen ら (2001) が最初に提案したモデルは，表現型値 y_i をマーカー遺伝子型 x_i に回帰する線形回帰モデル

$$g(x_i, \theta) = \sum_{j=1}^{M} x_{ij} \beta_j$$

である. ここで，x_{ij} は 2 つの対立遺伝子をもつマーカー j のどちらか一方の対立遺伝子のコピー数を表す. 例えば，マーカー j が，A と C を対立遺伝子としてもつ SNP である場合，個体 i の遺伝子型が AA の場合は 0，AC の場合は 1，CC の場合は 2 として をスコア化する. β_j はマーカー j においてコピー数をカウントした対立遺伝子（上の例では C）の遺伝効果を表す. この線形回帰モデルを学習データにあてはめて，パラメータの推定値 $\hat{\theta} = (\hat{\beta}_1, \hat{\beta}_2, \ldots, \hat{\beta}_M)'$ を求めておけば，表現型が

観測されていない個体 s の遺伝子型値は,

$$\hat{g}_s = \sum_{j=1}^{M} x_{sj}\hat{\beta}_j$$

として予測できる.

　なお,ゲノミックセレクションでは通常,DNA多型の数 M が,学習データ内のサンプル数 N をはるかに上回る.DNA多型の数が M のとき,上述した線形回帰モデルのパラメータ数は M となり,パラメータ数がサンプル数 N をはるかに上回ってしまう.すると,通常の重回帰分析では全パラメータを同時に推定できない.そこでゲノミックセレクションの予測モデルの作成には,重回帰分析ではなく,正則化最小二乗法やベイズ回帰など,M が N に比べてはるかに大きい場合でも適用可能な統計手法が用いられる.具体的には,パラメータ β_j に何らかの制約,あるいは,その分布に関する事前情報を与えることにより,その推定を試みる.

　上述したモデルは,ゲノミックセレクションだけでなく,原因遺伝子を目的としたゲノムワイドアソシエーション研究（genome-wide association study: GWAS）にも用いられる（例えば,Iwataら 2007, Iwataら 2009）.しかし,GWASとゲノミックセレクションでは,モデル化の目的が異なることに注意する.すなわち,前者は,遺伝子の位置と効果の正確な推定を目的としており,後者は,遺伝子型値の正確な予測を目的としている.そのため後者では,予測精度が高いモデルが得られるのであれば,どのような手法でも利用できる.実際にゲノミックセレクションのためのモデル化では,機械学習法を含め様々な手法が用いられている.なお,最適なモデル化手法は,対象形質の遺伝率,原因遺伝子の数,遺伝子の効果の分布,連鎖不平衡の程度,学習データのサイズなど,様々な要因によって変化する（Iwata・Jannink 2011, Onogiら 2015）.したがって,学習データの一部を未知データに見立てて精度評価する交差検証（cross-validation）などを用いることで,様々な手法の中から,精度の高いものを選出して利用する必要がある.なお,R（R Core Team 2014）とよばれる統計ソフトを用いれば,様々なモデル化手法を比較的容易に利用することができる.

4. ゲノミックセレクションをより効果的に利用するための技術開発

ゲノミックセレクションを他の育種技術と組み合わせることで,より強力なシステムに発展させることもできる.例えば,現在われわれは,イネの高速・高出力な育種システムの開発を行っている(田中ら 2014).そこでは,(1)遺伝子組換え技術を用いた雄性の雄性不稔によるイネの他殖化,(2)高度な環境制御による高速世代促進,(3)ゲノミックセレクションによる選抜,の3つの技術を組合せ,自殖性作物においてゲノミックセレクションの効果を十分に引き出すための新育種システムの開発を行っている.

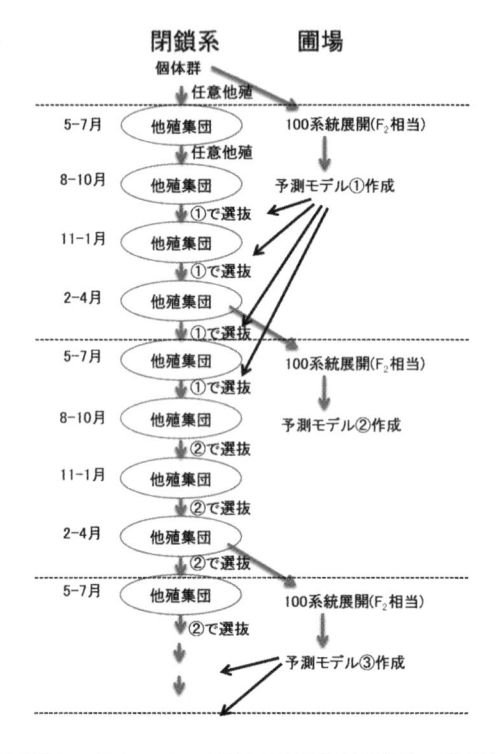

図4.1 イネ高速育種システム RRGS. 雄性不稔遺伝子を利用して他殖させ,高速に世代促進を行いながらゲノミックセレクションで選抜を繰り返す.ゲノミックセレクションのモデルは,きょうだい系統をもとに毎年更新される.

自殖性作物の通常の育種法では，他殖による遺伝的組換えの機会が少ないため，新しい遺伝子の組合せが生じにくいことが，育種上の大きな制限要因となっている（Fujimaki 1980）．そこで，自殖性作物においても雄性不稔によって自動的に他殖させ，かつ，世代を高速にまわすことにより，遺伝的組換えを促進し，新しい遺伝子の組合せを効率的に生じさせようというアイデアである．しかし，新たに生じる遺伝子の組合せについて，そのポテンシャルの評価を人工環境下で行うのは難しい．そこで，ゲノミックセレクションを用いて選抜する．われわれはこのシステムを Rapid-cycle Recurrent Genomic Selection (RRGS) と名付けた．RRGS の仕組みの概略は以下の通りである．まず，遺伝子組換えで導入された優性の雄性不稔遺伝子はゲノム中ではヘテロである．（優性の雄性不稔は，稔性個体の花粉を受けなければ子孫を残せないため，不稔の対立遺伝子がホモ化することは無い）．この系統に稔性のある系統を交配すると，不稔個体と稔性個体が 1:1 で分離する．なお，稔性個体は不稔遺伝子すなわち組換え遺伝子をもたないことに注意する．ここで，組換え遺伝子をもたない個体は屋外で栽培試験できるとすると，図 4.1 に示したシステムが成り立つ．すなわち，屋外で稔性個体の栽培試験を行い，DNA 多型データと表現型データを収集し，これを学習データとして予測モデルを構築する．この予測モデルを用いて，閉鎖系で高速に世代促進されている不稔個体をその DNA 多型をもとに選抜する．なお，選抜された不稔個体の後代には必ず半数の稔性個体が生じるため，これらを屋外で栽培試験することにより，予測モデルを更新できる．先にも述べたように，選抜が進むと予測精度が劣化するため，予測モデルの更新は育種効率を高く維持するために重要な手続きである．こうした技術の確立には未だ残された課題も多いが，実用化できれば，イネを始め，様々な自殖性作物の育種に大きく貢献するであろう．

　交配育種では，育種目標の達成に適した交配組合せを選ぶことが重要である．「鳶が鷹を生む」という諺が喩えるように，優秀な品種が，必ずしも優秀な両親から生まれてくるわけではない．例えば，目的形質に超越分離が起これば，両親よりも優秀な後代が得られる可能性は高い．目的形質の分離を交配前にあらかじめ予測できれば，それに基づいて最適な交配組合せを選択できる．このような視点から，われわれは，ゲノミックセレクションの予測モデルを有望な交配組合せ

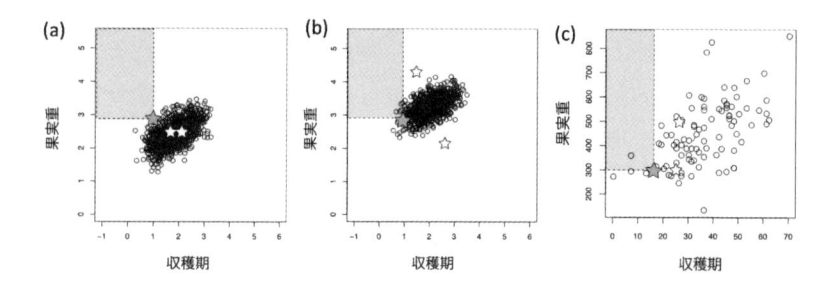

図 4.2 ニホンナシの後代分離予測と実測（Iwata ら 2013 より改変）．
(a)「幸水」（灰色星印で表す）の両親（「菊水」と「早生幸三」，白星印で表す）から得られる後代について予測された果実重と収穫期の分離．(b)「あきあかり」×「太白」（白星印）から得られる後代について予測された果実重と収穫期の分離．灰色星印は「幸水」の果実重と収穫期を表す．(c)「あきあかり」×「太白」（白星印）から得られた後代の分離（実測値）．灰色星印は「幸水」を表す．

の選択に利用する方法を提案した（Iwata ら 2013）．この手法では，親候補となる品種のDNA多型と，それらDNA多型の染色体上の位置をもとに，減数分裂の際に起こる乗換えをシミュレーションし，ある品種と別の品種間で交配を行った場合に得られる後代を仮想的に生成する．そして，生成された後代個体の DNA 多型に基づき，対象形質の分離パターンを予測する．こうして予測された分離パターンに基づき，有望な交配組合せを選択する．このような方法は，形質評価に長い年月と広い圃場を必要とする永年性植物の育種において特に重要である（岩田 2013）．われわれは，同方法をニホンナシに適用し，その有効性の評価を行った．

まず初めに，『「幸水」より早生で，果実サイズの大きな品種を育成する』という仮想的な育種目標を設定した．次に，「幸水」の両親である「菊水」と「早生幸蔵」を交配した場合に，どのくらいの確率で育種目標を満たす個体が得られるかを計算した．その結果，育種目標を満たす個体が得られる確率は 0.1%以下であることが分かった（図 4.2a）．

これは，収穫期と果実サイズには負の相関があり，早生で果実サイズの大きな個体を得るのが難しいことが原因している．逆の見方をすると，「幸水」が極めて微妙なバランスのもとで両条件を満たしていることも分かった．次に，84 品種

間の全組合せについて，育種目標を満たす個体が得られる確率を計算した．その結果，ほとんどの組合せで確率がゼロに近かったが，一部組合せでは高い確率を示す場合があった．中でも，「あきあかり」や「なつしずく」を片親とした交配組合せでは，育種目標を満たす個体が多く得られることが分かった．すなわち，上述した育種目標のもとでは，これら品種が有望な交配親と考えられる．なお，こうした方法の妥当性を検討するために，予測された分離パターンを，実際の交配後代の分離パターンと比較した結果，両者は良い一致を示した（図 4.2b,c）．こうした方法を利用して計画的に交配を行うことにより，育種をよりいっそう加速させることができると期待される．

5. ゲノミックセレクションの今後の課題

ゲノミックセレクションの課題の 1 つは，環境による表現型への影響のモデル化である．収量などの量的形質の表現型は，遺伝子だけでなく環境の影響を大きく受ける．目的形質の表現型を DNA 多型のみから予測するゲノミックセレクションでは，環境によって変化しやすい形質の予測が難しくなる．例えば，ある環境で構築したモデルを別の環境で栽培された植物に適用する場合，両環境の条件が異なれば異なるほど予測精度が低下する（例えば，Resende Jr et al. 2012）．いっぽう，環境に対する作物の応答をモデル化する方法として作物モデル（crop model）とよばれる方法がある．作物モデルとは，温度，日長などの気象条件や，施肥量，土壌水分量などの栽培条件に対して，作物の生育がどのように応答するかをモデル化し，得られたモデルを栽培管理の最適化や収量予測，気候変動による影響評価などに活用しようとする手法である．こうしたモデルを遺伝的なデータと結びつけることで，様々な環境下における作物の生育を予測できる可能性がある（Parent・Tardieu 2014）．すなわち，温度，日長などの気象条件や，施肥量，土壌水分量などの栽培条件が変わった場合にも適用できるゲノミックセレクションのモデルを構築できる可能性がある．われわれは，温度・日長の日変動からイネの出穂日を予測する作物モデルと，ゲノミックセレクションにおける予測モデルを組合せ，未試験の環境における未試験の品種・系統の出穂を予測するモデルを構築した（図 5.1）．その結果，平均誤差 6 日程度で予測できることが分か

った．現在，このアプローチについてさらなる研究を進め，予測精度の向上を図っている．将来的には，センサネットワークを用いて，環境条件を空間的・時間的に高密度に計測するとともに，そうした環境条件に応答する作物の外的な状態（成長量，開花など）と内的な状態（遺伝子発現や代謝産物）についてデータ収集を行い，作物の環境応答のモデル化を進めていく必要がある．

　ゲノミックセレクションのもう 1 つの課題は，形質評価の効率化である．「ゲノム育種」あるいは「ゲノミックセレクション」という言葉を聞くと，ゲノム解析やゲノムデータの効率的収集にばかり目をとられがちである．しかし，ゲノムデータを育種に活用していくためには，ゲノムと表現型の関連をモデル化することが重要であり，そのためには，多数の個体や系統の表現型を効率的，かつ，正確に計測するシステムの存在が必須となる．このような視点から，われわれは先述したシステム（図 3.5）を開発したが，このシステムを利用してもなお，形質評

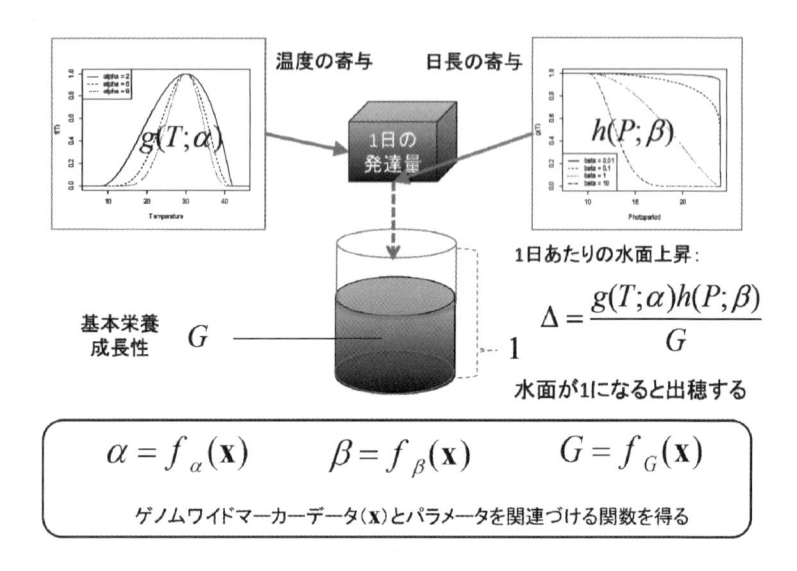

図 5.1　出穂のタイミングを予測するための作物モデルと，そのモデルパラメータのゲノムワイドな DNA 多型によるモデル化．作物モデルでは，温度に対する応答性を α，日長に対する応答性を β，基本栄養成長性を G で表し，これら 3 つのパラメータでイネの出穂の環境応答パターンが記述される．3 パラメータを DNA 多型をもとにモデル化できれば，未試験の系統の出穂のタイミングを DNA 多型に基づき予測できる．

価には多大な労力が必要となる．形質評価の効率化をさらに進めていくことが，ゲノミックセレクションを用いた育種の実現のために不可欠である．

現在，われわれは，より効率的な形質評価システムを構築するために，UAV（Unmanned Aerial Vehicle）とよばれる小型ラジコンヘリを用いたリモートセンシングの利用について研究を行っている．具体的には，UAVに搭載された可視光領域および近赤外領域に対応したカメラで撮影された画像に基づき，圃場で生長する作物の大きさや栄養状態を効率よく計測するシステムの開発に取り組んでいる．UAVにはGPSに基づく操縦機能が備わっており，圃場上空を自動的に飛行しながら，計測に必要な画像を自動的に収集する．撮影された画像をコンピュータで解析することで，草丈や植被率（上空から見て，植物が地表面を覆っている割合），植生指数（植物の有無や量および活性度を表す指数）を計測する（図5.2）．植生指数は，植物の栄養状態や光合成能に関連していると考えられており，低肥料で効率よく栽培できる系統を選抜するためにも重要な指標となる．現在，

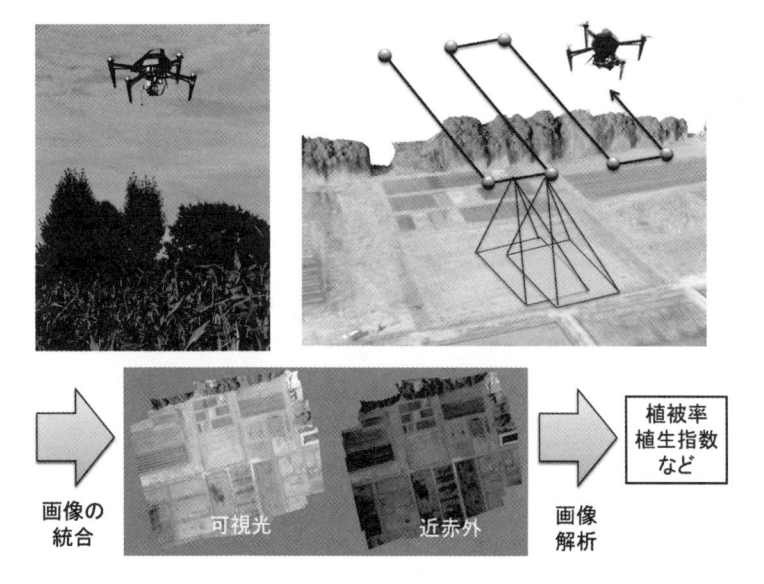

図5.2 UAVを用いた作物生育状況のリモートセンシング．可視光，近赤外に対応したデジタルカメラで撮影された多数の画像をもとに，植被率や植生指数が計測される．

こうした計測を精度良く行うためのシステムを開発中であるが，それが実現すれば，多数の作物個体の生長を非破壊で経時的に計測できるようになる．こうしたデータの収集は，先に述べた作物モデルと遺伝モデルの融合のために極めて重要である（Parent・Tardieu 2014）．また，植物の生長だけでなく，病虫害の発生や出穂・開花・結実の状況を，画像解析等を用いて自動的に把握できるようになるかもしれない．こうして収集されるデータは，作物の栽培管理の最適化や，収量予測にも極めて有用であろう．

6. 近未来の作物育種に思いをはせて

作物の在来種や近縁野生種などの遺伝資源は，現代の品種に比べ，極めて大きな多様性をもつ．そして，その多様性の中には，病虫害抵抗性や環境ストレス耐性など，現代の品種が遺伝資源の中に"置き忘れてきた"有用変異が多数含まれる．低投入で持続可能な農業システムを構築するためにはこのような変異を育種に積極的に利用することが重要である．遺伝資源の有用性はこれまでも十分認識されていたが，遺伝資源中に散在する有用変異を集積するには長い時間が必要であった．ゲノミックセレクションを上述した様々な技術と組み合わせて利用することで，有用変異を高速に集積し，食料問題解決の鍵といわれている「不良環境における作物生産性の向上」に大きく貢献できると考えられる．現在われわれが進めているソルガム育種プロジェクトは，こうしたアプローチの有用性について実証的に検証をするまたとない機会となると考えている．

では，近未来，ゲノミックセレクションを利用した育種システムはどんな形態をしているだろうか．私は以下のような形態になるのではないかと想像している．まず，世界中の不良環境に栽培試験を行う計測ステーションが設置され，リモートセンシングを用いて作物の生育が自動的に計測される．生育データは，センサネットワークで収集される環境データとともに M2M（Machine to Machine）でクラウドに蓄積され，クラウド内で予測モデルの構築やモデルパラメータの更新が行われる．いっぽう，選抜・交配ステーションでは，多数の小型の環境制御プラントを用いて，日長や温度を適切に管理しながら高速栽培，交配，採種が行われる．採集された種子の微量断片から DNA 多型が決定され，予測された遺伝的

能力と交配シミュレーションの結果に従って，選抜される個体（種子）と次世代の育種集団を生成するための交配組合せが決定される．なお，採集された種子の一部は計測ステーションに送られ，モデルパラメータの更新のための栽培試験が行われる．こうして，交配・選抜・栽培試験が進められていくにしたがい，様々な不良環境に適応した品種が育成されていく．育成される品種は，速いサイクルで農業生産の現場に投入され，生産現場における生育・環境データもまた M2M で収集され，次の育種の方向性の決定に利用される．なお，こうして育種が進むにつれて蓄積されていく膨大なデータには，有用な「知」が数多く潜んでいると考えられる．様々な情報科学の手法を駆使して蓄積されるデータを解析することにより，食料問題解決の鍵となる知の発見につなげることもできるだろう．このように，私は，情報の収集と解析，および，それに基づく育種操作の最適化が，近未来の育種を加速する主な原動力となると考えている．

謝 辞

ここで紹介した研究は，科学技術振興機構・戦略的創造研究推進事業（CREST）「二酸化炭素資源化を目指した植物の物質生産力強化と生産物活用のための基盤技術の創出」，農林水産省・次世代ゲノム基盤プロジェクト「多数の遺伝子が関与する形質を改良する新しい育種技術の開発」，日本学術振興会・科研費基盤研究(A)「環境適応型品種をデザインするための統合的モデル化手法の開発」などの支援を受けて行われた．なおソルガムに関する研究は，東京大学の堤伸浩教授をはじめとして，東京大学，明治大学，名古屋大学，（株）アースノート，（株）エアフォーディーの多くの研究者との共同研究として行われたものである．なおニホンナシに関する研究は，農研機構・果樹研の山本俊哉博士をはじめとして，農研機構・果樹研，農研機構・中央農研の多くの研究者との共同研究である．またイネの高速育種に関する研究は，農研機構・作物研の田中淳一博士をはじめとして，農研機構・作物研，農研機構・中央農研，農業生物資源研の多くの研究者との共同研究である．イネの出穂予測モデルに関する研究は，農業環境技術研の長谷川利拡博士をはじめとして，東京大学，神戸大学，九州大学，農研機構・作物研，農研機構・中央農研，農業生物資源研の多くの研究者との共同研究である．ここに

感謝の意を表します.

引用文献

Davey, J.W., P.A. Hohenlohe, P.D. Etter, J.Q. Boone, J.M. Catchen, M.L. Blaxter 2011. Genome-wide genetic marker discovery and genotyping using next-generation sequencing. Nat. Rev. Genet. 12: 499—510.

de los Campos, G., D. Gianola and D.B. Allison 2010. Predicting genetic predisposition in humans: the promise of whole-genome markers. Nat. Rev. Genet. 11: 880—886.

Desta, Z.A., and R. Ortiz 2014. Genomic selection: genome-wide prediction in plant improvement. Trend. Plant Sci. 19: 592—601.

Heffner, E.L., A.J. Lorenz, J.L. Jannink and M.E. Sorrells 2010. Plant breeding with genomic selection: gain per unit time and cost. Crop Sci. 50: 1681—1690.

Fujimaki, H. 1980. Recurrent population improvement rice breeding facilitated with male sterility. Gamma Field Symp. 19: 91–101.

Heffner, E.L., M.E. Sorrells and J.L. Jannink 2008. Genomic selection for crop improvement. Crop Sci. 49: 1—12.

岩田洋佳 2012.「ゲノム育種」再び. 次世代シークエンサーは新しい育種の扉を開くのか？ 作物研究 57: 77—82.

岩田洋佳 2013. DNA 多型をもとに実生苗の将来を予測して選抜する〜新しい選抜法「ゲノミックセレクション」〜. 果樹日本 68(7): 121—124.

Iwata, H., K. Ebana, S. Fukuoka, J.L. Jannink and T. Hayashi 2009. Bayesian multilocus association mapping on ordinal and censored traits and its application to the analysis of genetic variation among Oryza sativa L. germplasms. Theor. Appl. Genet. 118: 865—880.

Iwata, H., T. Hayashi, S. Terakami, N. Takada, T. Saito and T. Yamamoto 2013. Genomic prediction of trait segregation in a progeny population: a case study of Japanese pear (*Pyrus pyrifolia*). BMC Genet. 14:81.

Iwata, H., T. Hayashi and Y. Tsumura 2011. Prospects for genomic selection in conifer breeding: a simulation study of *Cryptomeria japonica*. Tree Genet. Genomes 7: 747—758.

Iwata, H., and J.L. Jannink 2011. Accuracy of genomic selection prediction in barley breeding programs: a simulation study based on the real SNP data of barley breeding lines. Crop Sci. 51: 1915—1927.

Iwata, H., Y. Uga, Y. Yoshioka, K. Ebana, T. Hayashi 2007. Bayesian association mapping of multiple quantitative trait loci and its application to the analysis of genetic variation among *Oryza sativa* L. germplasms. Theor. Appl. Genet. 114: 1437—1449.

Jannink, J.L., A.J. Lorenz and H. Iwata 2010. Genomic selection in plant breeding: from theory to practice. Brief. Funct. Genomic. Proteomic. 9: 166—177

Lorenz, A.J., S. Chao, F.G. Asoro, E.L. Heffner, T. Hayashi, H. Iwata, K.P. Smith, M.E. Sorrells and J.L. Jannink (2011) Genomic selection in plant breeding: knowledge and

prospects. Adv. Agron. 110: 77—123.
Meuwissen, T.H.E., B.J. Hayes, M.E. Goddard 2001. Prediction of total genetic value using genome-wide dense marker maps. Genetics 157: 1819—1829.
Onogi, A., O. Ideta, Y. Inoshita, K. Ebana, T. Yoshioka, M. Yamasaki, H. Iwata 2015. Exploring the areas of applicability of whole-genome prediction methods for Asian rice (*Oryza sativa* L.). Theor. Appl. Genet. 128: 141—53.
Parent, B., and F. Tardieu 2014. Can current crop models be used in the phenotyping era for predicting the genetic variability of yield of plants subjected to drought or high temperature? J. Exp. Bot. 65: 6179—6189.
Phillips, R.L. 2010. Mobilizing science to break yield barriers. Crop Sci 50: S99—S108.
R Core Team 2014. R: A language and environment for statistical computing. R Foundation for Statistical Computing, Vienna, Austria. URL http://www.R-project.org/.
Resende Jr, M.F.R., P. Muñoz, J.J. Acosta, G.F. Peter, J.M. Davis, D. Grattapaglia, M.D.V. Resende, M. Kirst 2012. Accelerating the domestication of trees using genomic selection: accuracy of prediction models across ages and environments. New Phytol. 193: 617—624.
Rife, T.W., and J.A. Poland 2014. Field Book: an open-source application for field data collection on Android. Crop Sci 54: 1624—1627.
佐塚隆志・岩田洋佳 2014. ゲノムから育種へ ―ソルガムのゲノム育種の挑戦―, 日本エネルギー学会誌 93: 429—435.
田中淳一・矢部志央理・田部井豊・谷口洋二郎・赤坂舞子・大嶋雅夫・阿部清美・石井卓朗・岩田洋佳 2014. 自殖性作物の高速・高出力育種法 RRGS (Rapid-cycle Recurrent Genomic Selection) の提案, 育種学研究 16(別 1): 77.
Tester, M., and P. Langridge 2010. Breeding technologies to increase crop production in a changing world. Science 327: 818—822.
Yabe, S., R. Ohsawa and H. Iwata 2013. Potential of genomic selection for mass selection breeding in annual allogamous plants. Crop Sci. 53:95—105.
Yabe, S., R. Ohsawa and H. Iwata 2014. Genomic selection for the traits expressed after pollination in allogamous plants. Crop Sci. 54:1448—1457.

第9章
スマート農業とフェノミクス
― 農業・生物・環境の途方もない複雑性をビッグデータで読み解く ―

平藤雅之

独立行政法人　農業・食品産業技術総合研究機構北海道農業研究センター
筑波大学大学院　生命環境科学研究科

1. はじめに

　農業生産には，生物及び生態系としての複雑さ，自然環境としての複雑さ，経済システムとしての複雑さなど，様々の複雑な現象が関与している．その一方，収量などのデータは1年に1回しかサンプリングできない．
　1893年に農事試験場が設置されてから約120年経過したが，品種や栽培法，経営の評価をその時から初めたとすると，これまでに得られたデータは120年分になる．120年分というと非常に膨大なデータのように感じられるが，120サンプルにしかならない．考慮すべき変数は多く，輪作を行っているとその前歴の影響もあるため，過去の状態も変数として扱う必要がある．変数の数がサンプル数を上回ってしまうと統計解析は容易でない．
　2変数であれば統計的な解析が可能である．例えば，平均気温と収量間の関係を一次関数でモデル化すれば平均気温と収量間の相関が見えてくる．また，二次関数でモデル化すれば，収量が最大になる平均気温が見つかるだろう．しかし，この場合，他の変数の影響はすべてノイズとして扱うことになる．実際にはノイズではないので，このような解析を100年，200年と続けてもあまり意味はない．モデルに土壌成分や土壌水分等に関する変数を追加すれば収量を増やすための施肥

量等を求めることができる．ただし，こういった複雑系の解析においては，環境，作物の形質等に関する膨大な時系列データが必須である．人手で大量のデータを収集するのはコスト的に難しいため，データ収集を自動化する必要があるが，気象ステーションの設置及び維持のためのコストだけでも高かった．

近年の情報通信技術（ICT）の急速な発展により，圃場においてデータの収集がリアルタイムに計測できるようになって来た．これは，コンピュータの性能が指数関数的に向上してきたことに起因している（図1）．この指数関数的変化はインテル社創業者のゴードン・ムーアによって1965年に指摘され，ムーアの法則と呼ばれている．これによって，通信技術も指数関数的に向上している．

さらに，コンピュータの能力の進歩はDNAシークェンサの読み取り能力の指数関数的な増大にも寄与してきた．2000年代に次世代シークェンサが登場すると，DNA読み取りコストの低下はさらに加速し（図1），ムーアの法則を上回っている（Callaway, 2011）．近年は，植物1個体ごとのゲノムデータさえも安価に得られるようになった．この膨大なゲノムデータを農業で活用するためには，形質

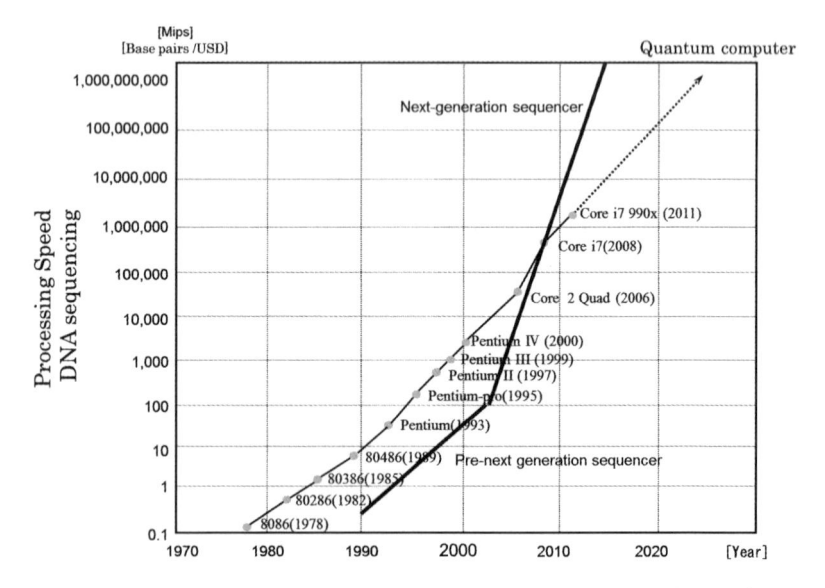

図1　コンピュータ（CPU）の演算速度及びDNAシーケンサの読み取りコスト

及びその形質が発現した生育環境に関するに詳細なデータが必要である．

これらのデータを統合すると，ビッグデータと呼ばれる巨大なデータセットができあがる．大量のデータが使える研究はこれまで農学研究者の夢でしかなかったが，それがいよいよ現実になり始めている．今後も高速化が期待できるコンピュータにビッグデータを解析（あるいは学習）させることで，農業・生物及び環境の複雑さを乗り越えることができそうである．

2. ランダム現象とカオス現象

農業の途方もない複雑性に比して，農業生産現場で得られる情報は極めて少なかった．圧倒的な情報不足の中で，農業生産者は品種の選択，栽培方法，経営計画等の意思決定を行わざるを得ない．その結果，「農業は勘と経験」と言われて来た．しかしながら，日照りや台風といった，毎年，異なる気まぐれな天気や好不況などの経済変動の下で，なぜそこそこの生産をあげ，経営を維持できているのだろうか？

一般に，こういった複雑系では自己恒常性や自己組織化などによって生じる規則性がある．そのため，変数の多さに比べて極めて少ないデータからでも，そのダイナミクスを把握し，予測や制御を行うことができる．農業生産者の「勘」とは，経験から見出したこの規則性に基づくパターン認識的な意思決定と思われる．

雲の動きのように自然現象には，一見，ランダムに見える現象が多い．こういった複雑な変動は，ある決定論的規則から産み出されるカオス現象であることが知られている．そもそも，古典力学（ニュートン力学）的な現象では，初期値が分かれば未来は完全に予測できため，ランダムな現象は存在しない．サイコロの動きは，初期状態をカメラで精密に計測すれば完全に予測できる．真にランダムな現象とは放射性物質の崩壊のような量子力学的現象しかない．といっても実際には，量子力学的な現象も波動方程式という決定論的規則に従っており，観測装置との相互作用でランダムに見えるだけである．

余談であるが，ランダムな現象を引き起こすには無限大の情報量をもつ機構が必要となる．パソコンで用いる乱数は乱数関数という決定論的な規則に従っており，疑似乱数と呼ばれている．乱数関数の情報と初期値の情報だけから，パソコ

ンが発生させる疑似乱数は完全に予測できる．そのため，疑似乱数の数字列はどんなに大量でも乱数関数と初期値の情報に圧縮できてしまう．逆に真にランダムな現象というのは全く圧縮できない．人間にとってランダムなデータというのは意味がないので情報量はゼロに感じるが，ランダムな現象を引き起こすには無限大の情報量が必要なのである．そのため，完全にランダムな現象というものは存在しない可能性もある．

さて，カオス現象は決定論的なメカニズムに従って起きておりランダムではないが，初期値の微小な違いが指数関数的に増大するという特徴がある．すなわち，「ニューヨークで蝶が羽ばたきすると北京の天気が変わる」というバタフライ効果である．カオス現象では長期予測は難しいが短期予測は可能である．短期といっても，その時間スケールは現象によって異なる．例えば，為替レートや株価の変動は秒あるいは日のスケールであり，月の運行などの天体現象は年単位のスケールである（月の軌道には地球，太陽，月からなる3体運動が産み出すカオス性がある）．カオス現象では，その特徴を踏まえると騎手が馬を操るように全体をコントロールできる．これがベテランの農業者が有する「篤農技術」の科学的なメカニズムであると思われる．

3. 植物の複雑さ

植物は環境変化の影響を受けながら生長しているが，植物の種や品種ごとに最適な環境は異なっている．作物の収量や品質を向上させるには，環境と作物の生育に関する情報が極めて重要である．施設園芸や植物工場では作物の生育環境を最適にすることで生育期間を短縮できる．露地栽培では，リアルタイムに制御できる環境要素は灌水による土壌水分の制御くらいしかなく，施肥量，播種密度，農薬散布，除草などの栽培管理と各地域の環境に最適な作物や品種の選択などで対応する必要がある．

これらを科学的に行うには，まず，気温，相対湿度，光強度，CO_2濃度と光合成速度の関係を完全に把握しておく必要がある．この関係が品種ごとに明らかになれば，農業における生産性向上や収量予測などに利用できるだろう．

そこで，環境因子（気温，相対湿度，光強度，CO_2濃度，気圧，水耕液温度，水耕

液濃度, 風速等) の制御と植物 1 個体の光合成速度, 生長速度 (茎の太さをレーザー外径測定器によって μm 精度で計測) を精密に計測できる小型グロースチャンバを開発し, 各環境因子を少しずつ変化させながら光合成速度及び生長速度を網羅的に測定した (平藤・窪田, 1994a). すると, 結果は予想外に複雑であった. 例えば, CO_2 濃度, 気温, 相対湿度を周期的に変化させると, 光合成速度の応答は非常に複雑な波形となった (図 2). 生長速度の応答はさらに複雑であった.

　このような複雑な変化は生物を使った実験ではしばしば見られ, 制御できていない要因によるノイズあるいは測定誤差として扱われてきたが, これはカオスであることが分かった. カオス現象であれば, この複雑な変化は予測できるはずである. そこで, ある期間のデータを用いて作成した線型モデル及び非線形モデルで, それ以外の期間の予測ができるかどうか調べてみた (平藤・窪田, 1994b). 線形モデルでは光合成速度の不規則な変化は予測できなかったが, 非線形モデルではその不規則な変化を予測することができた. 一般に, 人間の予測は線形予測的であり, 線型モデルで予測できると規則的であると感じる. しかし, 経験を積むことで, こういった非線形モデル的な予測を行うことができるようになるのであろう.

　野外の圃場においては, 気象環境の変化と同時に施肥等の人為的影響を受けながらさらに複雑なカオス的変動をしていると推測される. 野外での実測例は少ないが, 果樹の収量は毎年, 不規則に変動しており, これは隔年結果と呼ばれている. この変動もカオスである可能性が指摘されている (野口ら, 2008).

　カオス現象では, 一部の変数の時系列データから, 全体の変動を把握できるという特徴がある. 植物の根を観察することは難しいが, 環境及び観測可能な地上部の時系列データから, 推定できる可能性がある. 植物は土壌や植物体内部に生息する共生微生物の影響も受けて生長しているが, これを使った制御ができるかもしれない. この時系列データはメタゲノム解析で低コストに収集できるようになった. さらに, 共生微生物が与える植物体への影響は多波長の光センサで捉えることが可能と思われる. そこで, 植物共生微生物のメタゲノムデータとマルチスペクトルカメラ等による光センシングデータを時系列的に収集し, それらの関係の解析を進めているところである.

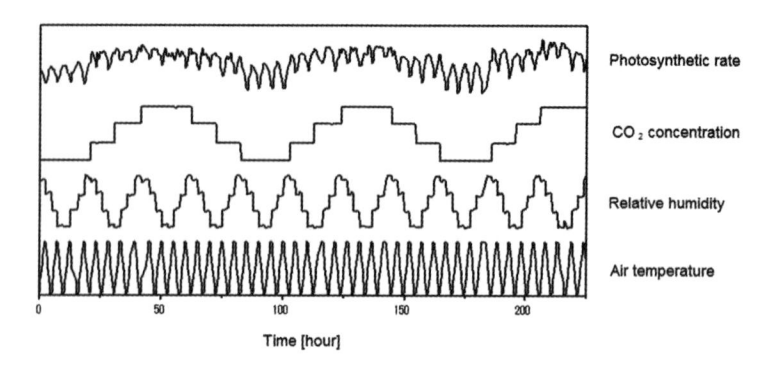

図2 環境条件（CO_2濃度，気温，相対湿度）を周期的に変化させたときの植物個体（メロン苗）の光合成速度の応答.

4. スマート農業

農業は経済的・社会的な変動の影響も受けるため，その意思決定は企業経営以上に難しい．そのため，コンピュータはその能力の進歩とともに様々な場面で利用されてきた．

1950年代末に，DYNAMO（連続系シミュレーション言語）が開発され，連立微分方程式を数値積分によって解くことが容易になった．これによりシステムダイナミクスと呼ばれるシミュレーション手法が普及し，経済モデルや未来予測モデルが開発された．その後，連立微分方程式で光合成等のダイナミクスを記述する植物生長モデルや温室環境シミュレーションモデル等が開発された．

1960年代にPDP8等のミニコンが登場すると，温室内の環境を最適に制御する複合環境制御の研究が始まった．1970年代にはIntel 8080等のマイクロプロセッサが市販された．Apple社のApple II等のパソコンが登場すると，これを用いた環境制御機器が開発された．1980年代にパソコン通信が始まると，欧米の農業者は市況価格データや気象データ等をリアルタイムに収集して，出荷の意思決定や作付け計画等に活用した．1980年代には人工知能の研究が盛んになり，農業においても意思決定支援のためのエキスパートシステムや人工ニューラルネットワークの応用システムが開発された（例えば，星ら，1990）．しかし，当時のコン

ピュータの能力ではまだ実用性は低かった．

　1990年代は，近赤外線センサ等様々なセンシング技術を用いて土壌栄養分や収量等を測定する精密農業（precision farming）が普及した．欧米では農業機械にコンピュータやセンサが搭載され，生産性が向上した．当初，精密農業はプレシジョンファーミングと訳された（例えば，平藤，1995）．我が国は農場が狭く，その分，頻繁に見回りできるので精密過ぎるくらいの農業を行っているという自負があったため，そのまま精密農業と訳すと，その新規性が理解されない危惧があったためである．しかし，やがて精密農業と呼ばれるようになり，プレシジョンファーミングの訴求力はなくなった．

　「3桁の量的変化は質的変化となる」といわれているが，精密農業が登場してから20数年が経ち，コンピュータの能力は6桁（100万倍）も向上した．最近では身近に当時のスパコンの能力を上回るコンピュータを組み込んだ製品があふれている．携帯電話は，カメラ，GPS，加速度センサ等を搭載し，タッチ操作できるスマートフォンになった．パソコンは薄くなり，タブレットになった．世界中，どこでも無線でインターネットが使えるようになった．現在，これらの情報通信技術（ICT）を活用する農業はスマート農業と呼ばれている（農業情報学会，2014）．

　生産性を上げるためには大規模化や自動化によって手間を極力減らす必要があるが，北海道の十勝エリアでは1経営体あたりの農地面積は40haを超え，ドイツやフランス並みとなった．こういった大規模農業の現場では，RTK-GPS（cm単位の高精度な測位ができる）を搭載した欧米の大型農業機械が利用されている．これは自動ガイダンスのためのオートパイロット機能を持ち，無人作業もできる．

　生産規模が大きくなると，すべての圃場をくまなく見て回ることが難しくなり，適切な管理や収穫などの作業を行うことも難しくなる機械によってデータ収集を行う．スマート農業では大規模化するほどデータの集積によって，より精密な農業ができようになる，という好循環がある．欧米では農業機械に電子制御ユニット（ECU）が搭載され，農業機械に接続された作業機やアクチュエータ，センサ，GPS等の通信に関する国際標準規格（ISO 11783）が制定された．これは農業機械のM2M（マシン間通信）の通信規格である．これによって異種メーカーの農業機械や作業機間でのデータ通信が可能となったため，農作業をしながら収量や

農薬散布量などのデータを簡単に収集できるようになった．また，農業機械のロボット化が進み，ロボット・トラクタの市販も始まっている（例えば，www.autonomoustractor.com）．近年は我が国の小型農業機械でもコネクタの共通化やデータ通信の標準化が進められ，この国際標準規格に準拠した技術が使えるようになった（濱田，2011）．

果樹園でもスマート農業の波が押し寄せている．環境及び植物体をモニタリングしながら灌水制御を行うことで，高品質な果実の生産を行うことができる（神谷ら，2011；戸上ら，2011）．スマート農業では生産現場において作物等のデータを大量に収集することができるため，このビッグデータを育種や栽培の研究と組み合わせることで，さらなる発展が期待される．

5．フェノミクス

近年，ゲノム，プロテオーム，メタボローム等のデータが大量に得られるようになった．これらのデータを活用するには形質のデータが不可欠であるが，実際に収集できる形質データは限られており，形質データを効率的に測定するフェノタイピング技術へのニーズが高まっている．個体ごとの形質情報を網羅的に収集し，ゲノム等 Omics データと組み合わせることで形質とゲノム等との関係を解析する研究をフェノミクスという（Houle et al., 2010）．

フィールド・フェノミクスは，これをフィールドで得たデータで行うこと目標とする．日本は山間地が多く起伏に富んでいるため気象環境が非常に複雑であり，広大で平坦な農地と大型の農業機械を用いた大規模農業ができる場所は非常に少ないというハンディキャップがある．しかし，多様な環境は多様な作物や多様な環境に対応した品種開発を行う際にメリットとなる．しかも，生産現場で品種開発や最適栽培方法の探索を行うと，生産現場ですぐに利用できる．

品種及びその栽培方法は知的財産の塊であり，その付加価値は極めて高い．フィールドにおける網羅的なフェノタイピングが可能になると，6 次産業化の一つとして品種や栽培法など知的資産の生産が高付加価値型ビジネスになると期待される．

フィールドにおいて計測すべき形質情報は，植物 1 個体ごとの光合成速度・3

次元形状・病害虫抵抗性，器官ごとの生長速度・大きさ，果実の糖度・酸度・機能性成分などである．共生微生物に関する詳細な情報も重要である．これらは時系列データとして環境データと同時に収集する必要があるが，センサネットワーク及び UAV（Unmanned Air Vehicle：無人航空機，ドローンとも呼ばれる）で網羅的に収集可能になってきた．例えば，環境データと植物体の画像データは，フィールドサーバを用いて同時に収集できる（Lee et al., 2010）．また，害虫の動態はカメラとフェロモントラップ等を組み合わせてモニタリングすることで把握できる（Asai et al., 2008; Fukatsu et al., 2012）．

植物は夜間，自らの体を旋回させる運動を行っている．これは成長に伴う動きとは異なり，サーカムニューテーションと呼ばれている．この植物の動きと生長速度には相関があり，画像による速度場計測手法（オプティカルフロー）によって生長速度を推定できる（Iwabuchi and Hirafuji, 2002）．ただし，野外では風の動きと区別するため，風速を同時に測定し，無風状態で撮影した画像を用いる必要がある．

6．パーソナル・ファブリケーション

作物群落内にセンサノードを設置する場合，オール・イン・ワン化，低コスト化，簡易化を徹底する必要がある．最新の量産技術によってフィールドサーバの製造コストは下げられるが（中山ら，2014），量産品は大きな市場がないとビジネスとして持続できないという宿命がある．農業における市場規模は小さく，しかも形質情報は多様であり，多様なその計測技術を迅速に開発するため，試作－テスト－製造などの工程を効率的かつ低コストに行えるようにする必要がある．

近年，オープンソース技術と 3D プリンタ等のデジタル加工技術を活用して試作－テスト－製品化のサイクルを劇的に加速させるパーソナル・ファブリケーション（あるいはデジタル・ファブリケーション）と呼ばれる「ものづくり手法」が登場した（Gershenfeld, 2005）．これは産業革命に匹敵する進歩ともいわれている．パーソナル・ファブリケーションの研究・普及の拠点である Fablab（ファブラボ）が国内外で草の根的に設立され，電子機器から手芸にわたる非常に幅広いものづくりが行われている（田中 2011; 相部, 2011）．Fablab の数は 2014

年の時点で約 500 カ所であり，1 年に 2 倍のペースで増えている．

　パーソナル・ファブリケーションの発展とともに，オープンソース化がソフトウェアだけではなくハードウェアでも進んでいる．その代表格は，子供のマイコン教育用に開発されたオープンソースハードウェアのマイコンモジュール「Arduino」である．Arduino はベテラン技術者に「チープなオモチャ」として敬遠されたが（実際，子供向けのオモチャであった），大人が使うと応用機器の開発が簡単にできるため，あっという間にユーザーが増えた．大きな飛躍のためにはまず現在の技術を簡単にする必要があるが，Arduino によってそれが実現した訳である．

　次世代テクノロジーの一つである IoT（Internet of Things：物のインターネット）を推し進める原動力にもなっており，最近では半導体業界の雄であるインテルも Edison という最新の IoT 用マイコンモジュールも Arduino に対応した．

　これらの新しいものづくり技術に対応し，学生でも自作できる低コストのフィールドサーバ「Open-FS（Open Field Server）」が開発された（平藤ら, 2013）．Open-FS はオールインワン化が徹底され，土壌水分，地温，群落内消散係数（群

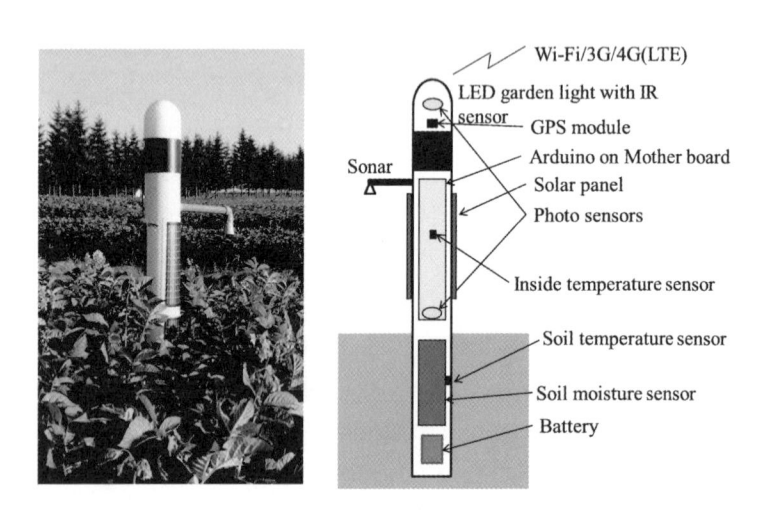

図3　Open-FS（Open Field Server）

落下部の光強度と群落上部の光強度の比で，LAI に反比例する），草丈など形質に係わるデータを収集できる．無線 LAN ルータ等の電源供給を Arduino で最適に制御することで消費電力が非常に小さくなり，筐体表面の太陽電池パネルのみで稼働できるようになった（図 4）．1 台あたりのコストは部品代（3 万円程度）のみであり，自作すれば圃場に多数設置できる．Open-FS の測定データは GPS による位置情報とともに Twitter で配信される．そのため，データを保存するための PC やデータレコーダは不要である．

　植物の気孔の密度・大きさ・開度，表面の毛状突起などの微小形質は病害抵抗性などと関係があるため，非常に重要なデータである．3D プリンタを使ってスマートフォンのカメラ部に顕微鏡を付加して，植物の微小形質を画像として記録できるようになった．スマートフォンで撮影した画像は GPS による位置情報が付加されるため，位置情報によるひも付けができる．また，クラウドサービスで保存や共有ができるというメリットがある（平藤ら 2014）．

　近年，UAV（ドローン）のコストパフォーマンスが急速に向上し，農場のモニタリングや宅配等への活用が進んでいる．フィールドサーバに内蔵されたカメラは特定エリアの定点撮影に適し，UAV は大規模圃場を網羅的に撮影するのに適している．UAV は強風や雨天の時には撮影できないものの，衛星よりも高頻度で高精細な画像データが収集できるというメリットがある．

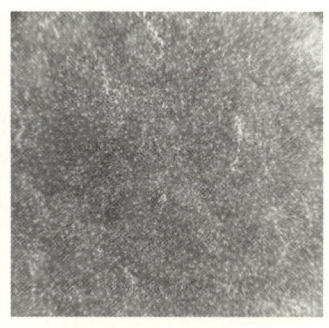

(a)撮影の様子　　(b)葉表面の顕微画像

図 4　顕微鏡を取り付けたスマートフォンによる微小形質情報の収集（てん菜）．

(a) UAV(ドローン)　　(b) 複数の画像から再構成した圃場の3次元データ

図5　カメラを搭載したUAVと撮影した画像の例（北農研・芽室研究拠点）

最近は非常に多くの UAV が市販されているが，病害発生モニタリングや高精度な個体・群落の3次元計測などフェノタイピング用に新機能の追加やカスタマイズを行う必要がある．このような用途の場合，UAV のキットを活用した自作が適している．UAV のキット MikroKopter（http://www.mikrokopter.de）とデジタルカメラ，熱画像カメラ，マルチスペクトルカメラ，カメラ制御モジュール等を搭載したフィールド・フェノタイピング用 UAV が開発され，病害発生や3次元形状などの時系列データが網羅的に収集されている（杉浦ら，2014）．これはオープンソースのソフトを使って，あらかじめ決めたコースを自動的に飛行しながら画像を撮影できる．毎日あるいは毎週，同じコースで飛行しながら撮影すると，あたかも上空にカメラを設置して定点撮影したかのような画像データが得られる．複数の位置から撮影した画像を再構成して3次元データにすると，植物体の3次元形状のデータを網羅的に得ることができ（図5, 6），その測定精度は100m の飛行高度で cm オーダー，10m の飛行高度で mm オーダーである．UAV の飛行制御や画像処理は市販ソフトや製品に付属のソフトでできるが，その場合，カスタマイズが難しいという問題がある．オープンソースソフトウェアを活用することで比較的簡単に自分が目的とする機能を持つソフトウェアを開発できる．

7. 農業ビッグデータ

生産管理システムによって農薬の使用履歴等のデータが収集され，フィールドサーバ等センサネットワークによって定点撮影画像，気温，土壌水分，地温等の環境データが収集される．農業機械に搭載するセンサ及び作業機との M2M によ

って，収量，施肥量などのデータも収集される．UAV 及び衛星によって高分解能の画像データが得られる．画像データからは，植被率，農作業の種類，害虫の個体数のデータなども二次的に得られる．

しかし，これだけでは，まだ農業経営としては不十分である．経済活動としての農業では，農産物の市況価格，肥料，軽油，農業機械の減価償却費，賃金等のコストの予測に基づいて，収益を最大化する必要がある．肥料や軽油の価格は，為替レートや原油価格など密接にリンクしているから，これらの指標も考慮しながら最適な営農を行う必要がある．

経営に関係するデータの多くは，公的機関や企業などが有している．公共データの民間開放及び公共データを自由に組み合わせて利活用可能な環境の整備を促進するため，平成 26 年に「科学技術イノベーション総合戦略 2014」が閣議決定された．これにより，データのオープン化が進むだろう．

Twitter 等の SNS や食べログ等のクラウドサービスでは，消費者ニーズや食嗜好などの膨大な情報が蓄積されている．また，資材価格，為替レート，株価等の情報はすでにオープンデータとして利用できる．

これらのデータも含む農業ビッグデータは，経営や栽培の「見える化」や農業経営改善に威力を発揮することが期待される．しかし，こういった多様なデータの統合は容易でない．アメダス等複数の気象データベースを統合する技術（MetBroker）が開発されたが（Laurenson et al. 2002），各データベースの仕様が変わるたびにメインテナンスが必要であった．こういった基盤的なサービスを長期的に維持するためには，できるだけコストのかからない仕組みを編み出す必要がある．

その一つの方法として，様々なクラウドサービスを組み合わせて使う方法がある．Twitter 等の多くのクラウドサービスは API（サービスの一部を他のコンピュータから利用する機能）を備えており，公的なオープンデータも API 経由でアクセス可能になりつつある．農業用クラウドサービスにおいても API を用意し，これらの API を組み合わせれば，ビッグデータの構築及びそのアプリの開発を効率よく行うことができる．現在，これを行うためのプラットフォーム CLOP（CLoud Open Platform）の研究を進めているところである（Hirafuji et al.,

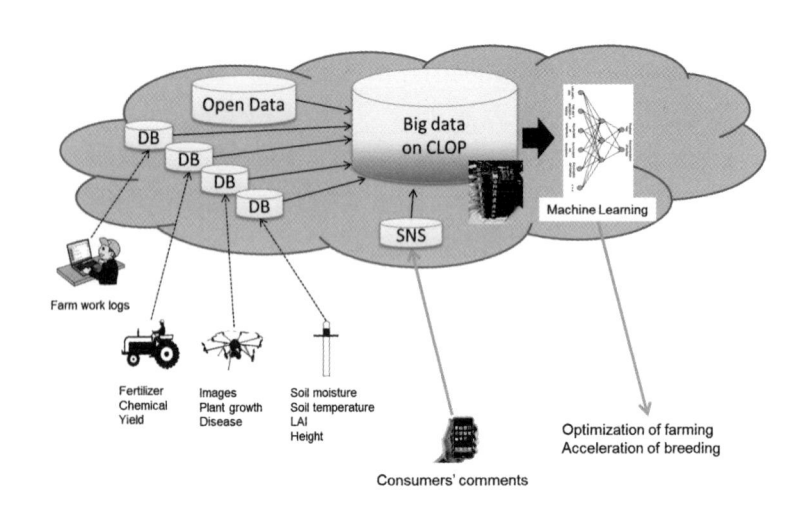

図6　多様な農業データを統合・活用するための技術的プラットフォーム CLOP

2012）．CLOPは，
①各種農業クラウドサービス，センサネットワークが収集した環境・形質データ，農業機械が収集した施肥量・収量等のデータなど統合してビッグデータを構築する基盤的機能
②ビッグデータから必要な情報を抽出及び加工する機能
③機械学習の機能
④予測や最適施肥量のリコメンド等の情報を Twetter などでユーザに配信する機能

　などの機能を有している．巨大なデータの保存及び分散処理には Hadoop というオープンソースソフトを使っている．多様なデータを総合的に解析する方法として機械学習を採用したが，この機能の実装には Mahout（Hadoop 上で稼働する）というオープンソースの機械学習ライブラリを使用している（Hirafuji et al., 2014）．

　農業ビッグデータによる機械学習は，農業資材価格等の予測，最適施肥量や最適経営戦略等のリコメンドに利用できる．例えば，軽油価格や関連する為替レー

ト等のオープンデータから学習データを作成し，これを機械学習させることで軽油価格の未来の予測ができる（図7）．図7の例では，6月以降もそのまま直線的に軽油価格は上昇するように見える．しかし，実際には機械学習モデルの予測通り大幅下落した．

軽油価格や肥料価格などの予測結果はTwitterで配信され，ユーザーは関心がある予測結果だけをフォローすれば，それだけを閲覧できる．また，経営管理ソフトでは，軽油価格，肥料価格，雇用賃金，利子率，収量，出荷価格など経営予測に必要となる予測データをTwitterのAPI経由で取得することで経営管理に反映させることができる．

8. 農業におけるICTの受容性

我が国の農業ではICTがほとんど普及して来なかった．その原因としては，農業・生物・環境の複雑性の他に，もう一つの大きな原因がある．それはユーザの

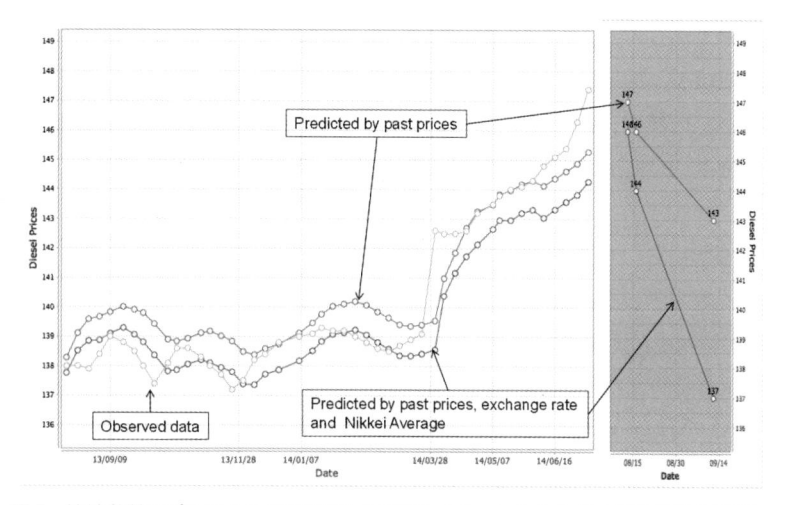

図7 機械学習モデルによる予測例（過去の変動パターンから未来の軽油価格を予測）．右のグラフは，2014年6月時点における3ヶ月先までの予測である．過去の軽油価格から未来の軽油価格を予測するモデルと過去の複数の指標（軽油価格，為替レート，日経平均）から未来の軽油価格を予測するモデルの2種を用いた．左のグラフは，2014年6月までの2種のモデルの予測実績と実際の軽油価格である．

受容性である．かつて，パソコンが登場した時，農業の生産性向上への活用が期待された．しかし，他産業に比べて農業者の平均年齢は高齢であり，パソコンを使う農業者は極めて少なかった．

しかし，ICTはパソコンを利用する少数の農業者（以下，IT農業者）を繋ぐ手段となった．1980年代に電話線を使ったデータ通信が認可され，パソコン通信が利用できるようになると，各地で孤立していたIT農業者の横のつながりを生み出した．1989年に第1回農業情報パソコン通信大会が土浦で開催されると，予想を遙かに超える参加者数となった．この熱気を元に農業情報利用研究会が発足したが，これは現在の農業情報学会の前身である．

この大会では農業者の発表セッションがあり，「青色申告のために買ったパソコンを外出している間にパソコン嫌いの父親が田んぼに投げ捨てた」といった発表が相次いだ．その背景には「パソコンに振り回されると経営を危うくする」という考え方があったようである．また，当時，パソコンは大企業でのOA化ブームを引き起こした．OA化の副作用として，パソコンが使えない管理職への風当たりが強くなるなど，シニア層にはパソコンへの警戒感があった．現在，そのような雰囲気はなくなったが，パソコンを活用している高齢者はまだ少ない．TwitterやFacebookを使っている高齢者はほとんど皆無である．農業従事者はさらに高齢化が進み，65歳以上の農業者は61％を占める．アメリカ（25％），ドイツ（17％），フランス（19％），イギリス（24％）に比べて，非常に高い（内閣官房行政改革推進本部事務局，2011）．経営規模は依然として小さく，パソコンの導入効果も小さい．

一方，欧米及び北海道の大規模農業，メガファームと呼ばれる大規模な畜産業，施設園芸や植物工場では，ICTなしの営農は考えられない．十勝では無人農作業が風景の一部になり始めた．これは，本州以南の小規模土地利用型農業と比較すると10～20年先行していると思われる．10～20年すると，本州以南でもICTを活用する農業者の比率は増大するだろう．

9. 展　望

スマート農業とフェノミクスは車の両輪である．スマート農業によって日常の

農作業で収集される膨大なデータは新品種の開発や栽培手法の探索を加速し，フェノミクスで開発された網羅的センシング技術やデータ解析技術はスマート農業の進歩を加速する．やがて，各地の生産圃場に育種圃場の機能を持たせることができるようになるだろう．農業の生産物を食料から，新品種や栽培手法等の知的所有権へと広げることができれば，収益の向上に寄与できる．その場合，生産環境は多様なほど有利であり，日本農業のデメリットをメリットに変えることができる．

　少子高齢化と農村の過疎化がますます進むなかで，このシナリオが実現できるかどうかは，コンピュータの能力次第である．PC の体感速度は相変わらず遅く，新しい OS を古い PC にインストールすると耐えがたいほど遅くなる．とてもそのような高度なことは不可能に感じられるかもしれない．これはハードディスク（HDD）などの固定記憶装置が遅いためである．PC の心臓部である CPU は 10 数年前のスパコンなみの能力がある．しかし，ハードディスクから処理すべきデータが CPU になかなか来ないため，CPU はその威力を発揮できていない．

　この問題は PC の数を増やして並列的に HDD をアクセスすれば解決できる．実はこれがクラウドコンピューティングのイノベーションなのである．クラウドサービスは単なる Web サービスではない．例えば，Google では 100 万台の PC が稼働し（消費電力は 260MW），スパコンよりも桁違いに巨大な処理をルーチンワークとして日常的に行っている（「京」の消費電力は 10MW）．このような並列システムの実用化はコンピュータサイエンスの夢であった．しかも，子供でも簡単に使えるサービスとして提供されている．クラウドには「並列コンピューティングの実用化」というブレイクスルーが潜んでいるのである．

　農業ビッグデータは，今後，着実に増大するだろう．多数の変数からなる農業・生物・環境のデータを統合的に解析するためには機械学習等の膨大な計算を行う必要があるが，それはコンピュータの能力の指数関数的増大が解決してくれるはずである．しかし，今後もコンピュータの能力は増大できるのだろうか？

　現在の懸念は，配線が細くなったことで起こる量子効果である．LSI の配線があまりに細くなると量子力学的なゆらぎが現れる．現在のデジタル技術はデータを「0」と「1」で誤りなく表現することで成り立っているため，量子効果（トン

ネル効果)によって誤動作やメモリが消えてしまうといった問題が起こる.ところが,この量子効果を積極的に活用する量子コンピュータの研究が急速に進んでおり,この限界も超えられそうである.

量子コンピュータには大別して2種類ある.ひとつはメモリの状態が「0」でもあり「1」でもあるという量子論的に不確定な状態を利用して並列化する方式である.もう一つは,トンネル効果と呼ばれる量子現象によって大域的エネルギー最小状態を見つける方法である.後者は,すでに製品化されている.これは超伝導を用いた電子回路においてエネルギーの最小状態と解きたい問題の評価関数の最適解が同じになるように設定して最適解を見つけ出す「量子やきなまし法」と呼ばれる方法を用いている(Johnson et al., 2011).量子やきなまし法は植物や経済システム等の非線形モデルの構築や機械学習に利用できる.ただし,極低温で起こる超伝導を用いているため冷却装置が巨大となる.また,そのコストも高い.生物は分子機械であり,量子効果が随所で効果的に利用されている.生体巨大分子は常温で最適状態に達している可能性があり,そのメカニズムの考察に基づいて常温で動作する最適化アルゴリズムが開発されている(Hirafuji and Hagan, 2000).

今後しばらくはクラウドコンピューティングで増え続ける農業ビッグデータに対応し,それが限界になる前に量子コンピューティングが実用化するだろう.農業ビッグデータを構築できれば,育種,栽培,無人化作業の加速度的改善というリターンが期待される.

10. おわりに

1965年にムーアの法則が見出されてから50年経過したが,この指数関数的変化は今も続いている.かつての産業革命では,ブルーカラー労働者が蒸気機関などの機械との競争に敗れ,大量に失業した.現代はコンピュータという機械との競争である.「あと30年でコンピュータの能力が人間なみとなり,ホワイトカラー労働者の大量失業が起こる」という予測がある.これは2045年問題と呼ばれている(松田,2015).現在のところ,農業,飲食店,建設作業,介護など様々な場面で人手不足が見られ,今後も少子高齢化による労働力不足が懸念されること

から，その実感はない．

　しかし，人手不足が人工知能やロボットの研究開発のニーズになっている．これから 30 年の間に自動化・無人化が急速に進む一方，人間でないとできない仕事はそれほど増えないだろう．失業が増えれば社会不安が起きる．また，働かなくても暮らせる人が増えれば，モラルハザードのリスクが出てくる．そのため，余剰時間を有意義かつ楽しく活用できる仕組みが必要である．営業やスポーツなど「人間同士の競争」ではいくらでも仕事をつくることができるが，人間同士の競争が果てしなく強化される未来は好ましいものではない．

　余った労働力あるいは余暇の受け皿としては，家庭菜園のようなホビー農業やものづくりのパーソナル化（大衆化）がまず挙げられる．ホビー的な研究や育種もあり得る．種子のオープンソース化が既に始まっており，多様な品種の開発が草の根的に起きる可能性がある（Jabr, 2014）．

　つらい労働をロボットに分担させることができるようなると，農業は主に生きがいや健康のために行われると予想される．実は 30 年前に都市近郊の高齢農業者に対するアンケート調査では，すでに農業に携わる目的は「生きがいのため」及び「健康のため」であった（平藤，1985）．日本の都市近郊農業の高齢者は，30年前に未来の生活を先取りしていたのかもしれない．

謝　辞

　本報告の一部は，文科省・気候変動適応研究推進プログラム（地球環境変動下における農業生産最適化支援システムの構築），総務省戦略的情報通信研究開発制度（SCOPE, 課題番号 102304002, 122304001），農林水産省食料生産地域再生のための先端技術展開事業「土地利用型営農技術の実証研究」，JSPS 科研費 24510238, 25660207）により実施された研究に基づいている．

引用文献

相部範之 2011. 夏休み工作のためのフィジカルコンピューティング：5.パーソナル・ファブリケーション序論-コミュニティが創る新しいビジネスモデル-, 情報処理, 52:958-963.
Asai, M., M. Hirafuji, H. Yoichi, T. Shibuya, M. Ichihara 2008. Crickets (Teleogryllus emma) are the main predators of weed seeds (Avena fatua and Lolium multiflorum)

on arable land, Abstract of WSSA (Weed Science Society of America) annual meeting, Ewen, C. 2011. Genome giant offers data service. Nature. 475:435-437.
Fukatsu, F., T. Watganabe, H. Hu, H. Yoichi, M. Hirafuji 2012. Field monitoring support system for the occurrence of Leptocorisa chinensis Dallas (Hemiptera: Alydidae) using synthetic attractants, Field Servers, and image analysis, Computers and Electronics in Agriculture. 80:8-16.
Gershenfeld, N. 2005. Fab: The Coming Revolution on Your Desktop--from Personal Computers to Personal Fabrication. Basic Books, New York.
濱田安之 2011. ISO11783に準拠したECU用ソフトウエアライブラリの開発. 農業機械学会誌. 73(4): 227-229.
平藤雅之 1985. 担い手の高齢化と能力開発 Ⅳ, 高齢化と労働能力①. 農林統計調査. 35(2): 23-37.
平藤雅之, 窪田哲夫 1994a. 変動環境下における植物生長のカオス性. 生物環境調節. 32(1): 31-39.
平藤雅之, 窪田哲夫 1994b. 環境変化に対する光合成速度の複雑な応答の解析と予測. シンポジウム「バイオシステムにおける計測・制御」資料. 計測自動制御学会. 17-20.
平藤雅之 1995. プレシジョン・ファーミング. 農林水産図書資料月報. 46(11): 12.
平藤雅之, 世一秀雄, 三木悠吾, 木滴卓治, 深津時広, 田中 慶, 松本恵子, 星 典宏, 根角博久, 澁谷幸憲, 伊藤淳士, 二宮正士, Adinarayana J., Sudharsan D., 斉藤保典, 小林一樹, 鈴木剛伸 2013. オープン・フィールドサーバ及びセンサクラウド・システムの開発, 農業情報研究, 22: 60-70.
平藤雅之・杉浦 綾・田口和憲 2014. センサネットワーク及びUAVによるてん菜のフィールド・フェノタイピング. てん菜研究会第12回技術研究発表会講演要旨.
Hirafuji, M. and S. Hagan 2000. A global optimization algorithm based on the process of evolution in complex biological systems. Computers And Electronics In Agriculture. (29)1-2:125-134.
Hirafuji, M., Y. Hamada, T. Yoshida, A. Itoh, T. Kiura 2012. Strategy and Concept of Open Cloud Application Platform in Agriculture, Proc. of AFITA/WCCA 2012, Sep.3-6, Taipei.
Hirafuji, M., A. Itoh, T. Kiura, T. Yoshida 2014. Agricultural Big Data Analyzing System with Open-source Technologies and CLOP (CLoud Open Platform), Proc. of the 9th Conference of the Asian Federation for Information Technology in Agriculture "ICT's for future Economic and Sustainable Agricultural Systems", 217-222, Sep.29-Oct.2, Perth.
星 岳彦 他 1990. 星 岳彦・平藤雅之・本條 毅 編, バイオエキスパートシステムズ. コロナ社, 東京.
Houle, D., D. R. Govindaraju, S. Omholt 2010. Phenomics: the next challenge. Nature Reviews Genetics. 11: 855-866.
Iwabuchi, K., M. Hirafuji 2002. Potential use of time-lapse images: determination of circumnutation al movement to assess plant vigor. Proc. of The World Congress of Computers in Agriculture and Natural Resources. 101-106.
Jabr, F. 2014. Building Tastier Fruits & Veggies (No GMOs Required). Scientific

American. 311(1): 56-61.
Johnson, M. W. et al. 2011. Quantum annealing with manufactured spins. Nature. 473(7346):194-198.
神谷俊之, 沼野なぎさ, 柳生弘之, 島津秀雄 2011. 携帯電話によるミカンほ場からの栽培データの収集と栽培データの地域での共有のための Web インタフェース. 農業情報研究. 20:95-101.
Lee, W. S., V. Alchanatis, C. Yang, M. Hirafuji, D. Moshou, C. Li 2010. Sensing technologies for precision specialty crop production, Computers and Electronics in Agriculture, 4(1):2-33.
Laurenson, M., T. Kiura and S. Ninomiya 2002. Providing agricultural models with mediated access to heterogeneous weather databases, Applied Engineering Agric., 18:617-625.
松田卓也 2015. 来たるべきシンギュラリティと超知能の驚異と脅威 (特集 新年特別企画 人類と ICT の未来: シンギュラリティまで 30 年?). 情報処理, 56(1):4-14.
内閣官房行政改革推進本部事務局 2011. 各国の農業従事者の年齢構成, http://www.cas.go.jp/jp/seisaku/kataro_miraiJPN/dai3/siryou4.pdf
中山将司, 大野正己, 堀 宏展, 田中昌史, 戸田亘彦, 平藤雅之 2014. フィールドサーバの要求仕様に関する調査及び量産型フィールドサーバの設計・製造手法に関する検討, 農業情報研究, 23 (1):29-37.
野口優子, 酒井憲司, 浅田真一 2008. ウンシュウミカン隔年結果現象の予測-線形ダイナミクスを用いた1年先の果実数予測手法の提案-, 農業機械学会誌, 70(4):129-130.
農業情報学会 (編集) 2014. スマート農業―農業・農村のイノベーションとサスティナビリティ, 農林統計出版, 東京.
杉浦 綾, 伊藤淳士, 濱田安之, 辻 博之, 村上則幸, 澁谷幸憲, 平藤雅之 2014. UAV 空撮画像による作物生長計測とフィールドフェノタイピングへの応用, 農業食料工学会第 73 回年次大会講演要旨.
田中浩也 2011. 夏休み工作のためのフィジカルコンピューティング: 8.私たちはほぼ何でもつくれるようになる-ファブ・マスター(Fab Master)を目指して-. 情報処理, 52:976-981.
戸上 崇, 伊藤良栄, 橋本 篤, 亀岡孝治 2011. 高品質ミカン生産を目的とするセンサーネットワークを利用した圃場環境計測. 農業情報研究. 20:110-121.

あとがき

會田勝美
日本農学会副会長

　2014年10月に行われた日本農学会のシンポジウムのテーマは「ここまで進んだ！ 飛躍する農学」であった．講演を引き受けられ，原稿をお書きいただいた先生方と関連学会に感謝したい．講演内容の詳細については，ぜひ本書をお読みいただきたい．

　日本農学会主催のシンポジウムは1960年より始まり，シンポジウムの内容が，纏まった本として（株）養賢堂より出版され始めたのは2005年からである．2005年からのタイトルは2005「遺伝子組換え作物研究の現状と課題」，2006「動物・微生物における遺伝子工学研究の現状と課題」，2007「外来生物のリスク管理と有効活用」，2008「地球温暖化問題への農学の挑戦」，2009「世界の食料・日本の食料」，2010「農林水産業を支える生物多様性の評価と課題」，2011「環境の保全と修復に貢献する農学研究」，2012「東日本大震災からの農林水産業と地域社会の復興」，2013「農学イノベーション−新しいビジネスモデルと食・農・環境における技術革新」，2014「ここまで進んだ！ 飛躍する農学」である．ちなみに2015年のシンポジウムのテーマは「国際土壌年2015と農学研究−社会と命と環境をつなぐ−」である．

　出版が始まる前の日本農学会のシンポジウムは定例の4月5日の日本農学大会時に行われていた．そのテーマは日本農学80年史（日本農学会編）に掲載されている．これをみると日本における農学研究の変遷が良く分かる．当初は，日本における農林水産業の生産を如何に上げるかに力点をおいたテーマが多かったが，

1980年代頃から，農学分野における国際交流，太陽エネルギーの有効利用，農業におけるバイオテクノロジーや先端技術による日本農業の展開，それに加えて地球環境と農業，21世紀の農業像，人類の生存と生物生産，アジアにおける環境と生物生産，農学領域におけるゲノムサイエンス，21世紀における循環型生物生産へとテーマが拡大している．

　このようにシンポジウムのテーマだけ見ても，日本の農学研究の目指す目標が拡大されていることが良くわかる．とくに出版事業の開始後にその傾向が顕著のように見える．日本の農学研究は，今後どの方向に向かって進んでいくのであろうか？

　当初，日本農学会は，札幌農学校と駒場農学校の卒業生を中心に，1887年（明20）に設立された農学会より派生した．当時は農学に関する学会は一つで充分であったが，次第に個別学会が設立されるにつれ，それらの学会の連合体が必要となり1929年（昭4）に設立されたものである．農学会も当初は行動をともにしていたが，1952年（昭27）に札幌農林学会とともに退会し，財団法人となり独自の道を歩んだ．

　日本農学会の歩みとシンポジウムのテーマの変遷とは，リンクしているように見える．その広がりは近年顕著なように見える．とくに東日本大震災による福島第一原子力発電所の事故による放射能汚染以降，「食の安全・安心」に国民の関心が高まっている．それまでの地球温暖化を含めた環境問題や有機栽培に対する関心もそれと同軸であるが，とくに事故以降それまで安全が当たり前であった食の問題に関心が高まっている．「水と空気」は安全で当たり前であったが，実は「食」も同様であったことに，改めて気づかされたわけである．

　しかし，この問題の解決には，農学が中心ではあるものの，他分野との連携も欠かせない．

　その流れは，私には「業から民へ」のように見える．当初は，農林水産業の振興のための農学であったが，次第に国民や人類のための農学へと変わってきているように見える．と言っても，あまり年寄が勝手なことを言うのはやめた方がよいかもしれない．勇気をもって，若い人に将来を託すのが良いかも知れない．と，いつも家内には引退を勧められているので，「あとがき」もこのくらいにしたい．

著者プロフィール

敬称略・五十音順

【會田 勝美（あいだ かつみ）】
　東京大学大学院農学系研究科博士課程修了．農学博士．東京大学農学部助教授，教授を経て，2003年 東京大学大学院農学生命科学研究科長，農学部長．2011年（独）日本学術振興会監事．東大名誉教授．専門分野は水産学．

【岩田 洋佳（いわた ひろよし）】
　東京大学大学院農学生命科学研究科博士課程修了．農学博士．科学技術特別研究員（森林総合研究所），生研機構派遣研究員（森林総合研究所），農業技術研究機構中央農業総合研究センター若手育成型任期付任用研究員，農業・生物系特定産業技術研究機構中央農業総合研究センター主任研究官，農業・食品産業技術総合研究機構中央農業総合研究センター主任研究員を経て，東京大学大学院農学生命科学研究科准教授．専門分野は生物測定学，統計遺伝学，植物育種学．

【柏崎 直巳（かしわざき なおき）】
　麻布大学獣医学部卒業，明治大学大学院農学研究科修了．博士（農学）．飼料メーカー，遺伝子改変ブタ関連のベンチャー企業等の研究員，麻布大学獣医学部講師，助教授を経て，麻布大学獣医学部教授．専門は生殖工学．

【北岡 本光（きたおか　もとみつ）】
　東京大学工学部反応科学科卒業，博士（農学）（東京大学）．日本石油化学（株），米国アイオワ州立大学博士研究員，生物系特定産業技術研究推進機構研究員，農林水産省食品総合研究所主任研究官，以下改組などを経て2011年より独立行政法人農業・食品産業技術総合研究機構食品総合研究所食品バイオテクノロジー研究領域上席研究員．主に糖質関連酵素を用いた新規なオリゴ糖生産系の開発を行っている．

【杉山 純一（すぎやま　じゅんいち）】
　筑波大学第2学群農林学類卒業．工学博士．久保田鉄工（現クボタ），農水省入省，食品総合研究所，東北農業試験場を経て，現在，（独）農研機構食品総合研究所，食品工学研究領域，計測情報工学ユニット長，上席研究員，筑波大学生命研究系教授（連携大学院）．専門分野は，食品工学，品質計測，光センシング，情報技術（IT），食品加工技術．

【瀬筒 秀樹（せづつ　ひでき）】
　九州大学大学院医学系研究科博士課程退学．理学博士．蚕糸・昆虫農業技術研究所特別研究員，理研ゲノム科学総合研究センター研究員，（独）農業生物資源研究所任期付研究員を経て，同遺伝子組換えカイコ研究開発ユニット長．専門分野は，昆虫生物学（昆虫進化，昆虫遺伝子組換え，昆虫デザイン）．

【能木 雅也（のぎ　まさや）】
　名古屋大学大学院生命農学研究科博士課程（後期課程）修了．博士（農学）．京都大学生存圏研究所，大阪大学産業科学研究所助教を経て，2011年12月より同研究所にて准教授．専門分野は，林産学，材料学（セルロースナノファイバー材料，プリンテッドエレクトロニクス）．

【平藤 雅之（ひらふじ　まさゆき）】
　東京大学農学系研究科（現在，農学生命科学研究科）・修士課程修了．農学博

士（東京大学）．農研機構・中央農業総合研究センター・フィールドモニタリング研究チーム・チーム長を経て，北海道農業総合研究センター・芽室研究拠点・領域長．筑波大学大学院生命環境科学研究科先端農業技術科学専攻フィールドインフォマティクス研究分野教授（併任）．

【広田 知良（ひろた　ともよし）】
　九州大学農学研究科修士課程修了．博士（農学）．農林水産省北海道農業試験場研究員，カナダ・サスカチュワン大学客員教授，農研機構北海道農業研究センター寒地温暖化研究チーム長等を経て，同生産環境研究領域 上席研究員．北海道大学連携大学院客員教授を兼任．専門分野は，農業気象学．

【南澤　究（みなみざわ　きわむ）】
　東京大学大学院農学系研究科農芸化学専門課程修士課程修了．農学博士．茨城大学農学部助手，同助教授，東北大学遺伝生態研究センター教授を経て，東北大学大学院生命科学研究科教授．専門は，微生物生態学，植物微生物学．

【三輪 睿太郎（みわ　えいたろう）】
　東京大学農学部卒業．農業技術研究所，農業環境技術研究所を経て 1997 年農林水産技術会議事務局長，2001 年（独）農業技術研究機構理事長，2006 年 東京農業大学総合研究所教授．2007 年より農林水産省農林水産技術会議会長．専門分野は土壌肥料学

| R |〈学術著作権協会委託〉

2015　　2015年4月5日　第1版第1刷発行

シリーズ21世紀の農学
ここまで進んだ！
飛躍する農学

| 著者との申し合せにより検印省略

編著者　日本農学会

ⓒ著作権所有　　発行者　株式会社　養賢堂
　　　　　　　　　　　　代表者　及川　清

定価（本体1852円＋税）

印刷者　株式会社　丸井工文社
責任者　今井晋太郎

発行所　〒113-0033　東京都文京区本郷5丁目30番15号
株式会社 養賢堂　TEL 東京(03) 3814-0911　振替00120
　　　　　　　　　FAX 東京(03) 3812-2615　7-25700
URL http://www.yokendo.co.jp/
ISBN978-4-8425-0534-3　C3061

PRINTED IN JAPAN　　　製本所　株式会社丸井工文社
本書の無断複写は、著作権法上での例外を除き、禁じられています。
本書からの複写許諾は、学術著作権協会（〒107-0052 東京都港区赤坂9-6-41 乃木坂ビル、電話03-3475-5618・FAX03-3475-5619)
から得てください。